DECONSTRUCTING
JADE CULTURE

说玉

俞伟理 — 著

上海人民美術出版社

寻玉

目录 ——————— ——————————

辨玉

目录

琢玉

赏玉

前言

　　玉器是中华文明的重要载体之一，玉文化是中华民族文化的基石之一，这是区别于世界上其他文明起源的一个重要标志。玉器伴随中华民族走过了七千多年的历程，在这么悠久的岁月中，罕有一件器物有如此旺盛的生命力。几经兴衰，再度繁荣时，而却更显辉煌。

　　东汉许慎在他的《说文解字》里写道："玉，石之美者。有五德，润泽以温，仁之方也；鳃理自外，可以知中，义之方也；其声舒扬，专以远闻，智之方也；不桡而折，勇之方也；锐廉而不忮，絜之方也。" 我最在意这其中第五德"锐廉而不忮，絜之方也"，就是说当玉碎了，它的边缘断口也绝不会伤害到触摸它的人们。或许就是因为这样，当甲骨文里刻下"玉"的名字的那一刻起，就注定到了春秋，其必然成诗。

　　"玉"字始于商代甲骨文和钟鼎文中，汉字曾造出从玉的字近500个，而用玉的组词更是无计其数。有道是"玉入其国则为国之重器，玉入其家则为传世之宝"。人们借物喻人，使玉成为了集美好、才华和灵慧于一身的文化象征。再通过代代相传的玉作技艺，以及变化万千的艺术思维，成就了或工整、或粗放，或大气、或婉约等等的丰富曼妙的格调。自此诗词无数，看见美到极致的人和事，不可方物的时候，往往以玉相比。正是对玉石这种"物"经年不衰的热爱，使玉石在不经意间，记录了人类向往诚实、正直、智慧、勇敢、仁慈的情趣德行，并以此成为文明的佐证，也成了中国历史数千年来最为独特的文化象征。因此无论宝贝身在何时何地，我们都能分辨出宝贝的模样，然后便会心怀千古，担起文化传承的使命，让自己有机会成为一个高标准的个体，见天地和见自己，领悟世界的规律。

　　如今我们身处一个宏图盛世的时代，国家对于传世珍宝的发掘、收藏、研究投入了巨大的人力、物力，南上北下，纵横古今，形成了空前繁荣的收藏市场。在当代优良的社会环境里，造物者们以手作练习技艺，以匠心感受记忆，传承着亘古不变的"工匠精神"，发扬了富于传奇色彩的当代文明。本书试就"玉"这个中华文明的原始代码进行解读，并向读者展开穿越古今的珍宝史卷。除了对各时代器型、纹样的赏鉴，更多的篇幅则留在了对玉石材料的辨析和玉雕作品的解读上。作者从介绍玉石产地和原材的天然属性入手，一直写到玉雕匠人如何在大美天成的基础上，潜移默化地完成了玉石从自然性到艺术性的转换。

更值得一提的是本书还成功地采用了目前世界上最先进的印刷技术之一的 10 微米调频网工艺，就像是让平面阅读进入了 4K 时代。同时，我们还为封面的藏品制作了 3D 交互式全景图，让读者可以 720 度无死角的欣赏这件精美绝伦的玉器。

"试玉要烧三日满，辨材须待七年期"，玉石是造物诸神撒落在人间的宝贝，并将中华民族的文化信念隐藏其中。这些宝贝等待着我们潜心静气、识物辨材，不惜年月的思考，确立我们当代社会的文化自信，彰显如玉之光华的灿烂文明。

编者

2019 年 6 月 13 日

寻玉

◎ 和田玉　　　◎ 水沫玉

◎ 独山玉　　　◎ 阿富汗玉

◎ 岫岩玉　　　◎ 京白玉

◎ 蓝田玉　　　◎ 巴山玉

◎ 黄龙玉　　　◎ 翡翠

◎ 密玉　　　　◎ 佘太翠

◎ 鸡血玉　　　◎ 贵翠

◎ 台山玉　　　◎ 台湾翠

◎ 东陵玉　　　◎ 绿松石

◎ 金丝玉　　　◎ 青金石

◎ 金膏玉　　　◎ 孔雀石

◎ 桃花玉　　　◎ 玛瑙

◎ 泰山玉　　　◎ 水晶

◎ 西峡玉　　　◎ 玉髓

寻玉

　　自古以来，石之美者为玉这一概念，深深地根植在几乎所有中国人的心中。的确，玉就是美石，但美石并非都是玉。在疆域辽阔的中国大地上，美石何其多。不是所有美的石头都可以称之为玉，玉和石还是有区别的。在广义的认知上，玉以其色泽光洁柔美、质地坚韧细腻、温润含蓄等特质而深得人们的喜爱。小小玉器所承载的是博大精深的中国文化，致使人们对玉的赏玩亦包含着某种敬畏之心。因为玉器是一种流传至今的文化状态，作为更高层次现实的存在，能够赋予存在之意义。我们眼中的玉材，都是远古时期、上古时代经历过大自然无常暴力之后仍然沉睡至今的无言的精华。我们眼中的玉器，便是这些被唤醒的玉材进入人类生活之后所呈现出来的永恒的精彩。人们时时立意幻想，并取得了非常真实的结果，于是，玉对人来说不仅神秘，而且高贵。

　　虽说玉器是一种文化象征，但既然流通于世，除了不可估量的存世价值，也必然有约定俗成的市场价格。尤其是不同产地、不同性质的玉材原料，其市场价格恐怕南辕北辙，即便是同一产地的原材料，也可能因为料性质地的不同而价格悬殊。所以，无论是出于喜欢、欣赏还是收藏的目的，对于玉和玉器，必定得有最基本的了解。

　　作为一种雕琢材料，玉在国际检测标准上，有软玉和硬玉之分。软玉和硬玉，是系统宝石学中的称呼。软玉是指闪石类中某些（如透闪石、阳起石等系列矿物）具有宝石价值的硅酸盐矿物的集合体。软玉并不是矿物的名称，它是由细小的闪石矿物晶体呈纤维状交织在一起构成致密状集合体，质地细腻，韧性好，以和田玉为最佳。硬玉是由一种钠和铝的硅酸盐矿物组成，由很细小的晶体紧密交织而成的致密块状集合体，如翡翠，但翡翠并不等于硬玉。

软玉　　　　　　　　　　　　　　　　　　　　　　硬玉

　　软玉和硬玉都是属于链状矽酸盐类。软玉是角闪石族中的钙镁矽酸盐，所以软玉又称为角闪玉或闪玉。而硬玉是辉石族中的钠铝矽酸盐，所以硬玉又称为辉石玉或辉玉。辉玉有着隐约的水晶结构，具有玻璃光泽，清澈莹洁，相较之下，角闪玉的色泽比较接近于油蜡的凝脂美。大致上，两者都有白色或半透明状，尤其是纯白的角闪玉，俗称羊脂玉，细腻温润，极稀有。在摩氏硬度上看，软玉的硬度是 6 ~ 6.5，硬玉的硬度是 6.5 ~ 7。

　　一般人对软玉的认知，常常局限于历史上的四大名玉，即和田玉、独山玉、岫岩玉和蓝田玉，但实际上从矿物学的角度，软玉远不止这四种，只不过这四种玉最为著名。由于玉材属于不可再生之资源，延续至现代，优质的软玉资源已经稀缺，市场价格昂贵，不再亲民。但近些年经过不断的挖掘和开发，又出现了不少新的玉种。而和田玉也有了狭义和广义之分，不再是特指新疆和田地区独有的玉种。如此名目繁多的玉材，只靠几行字是不可能说明白的，简单的概述也只能表达简单的概念，想要真正了解一块玉，必须多看实物。

　　玉，之所以千万年来受人喜爱，是因为它不仅仅只是一种装饰和陈设，它更是可以触摸、可以亲近的。所有爱玉的人，都喜欢把玩，而把玩，便是肌肤相亲的体验。有哲学家告诉我们，即使人类世界外部的一切事物是不可及的，但人类建构的东西却是可知的，只不过人类建造的东西可能是深不可测的。所以，玉和人，是需要交流的。

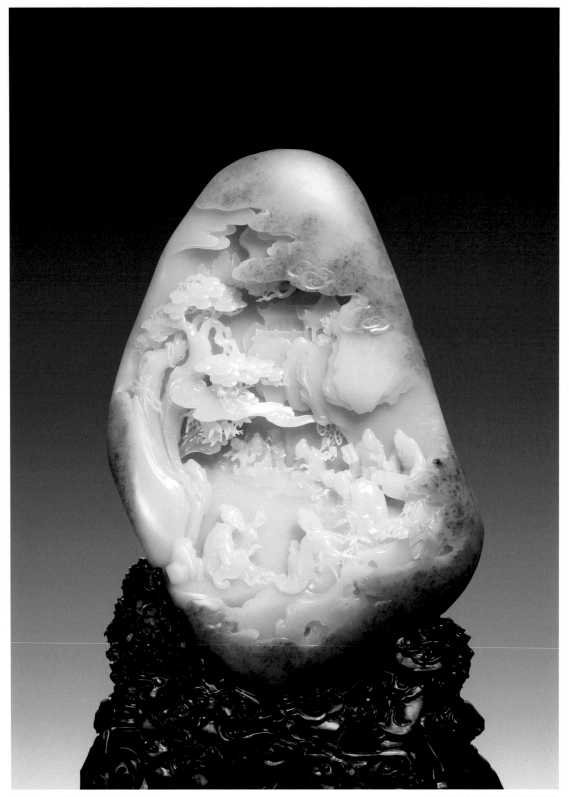

长: 28 cm 宽: 12.6 cm 高: 41.5 cm

和田玉（兰亭雅集 顾永骏）

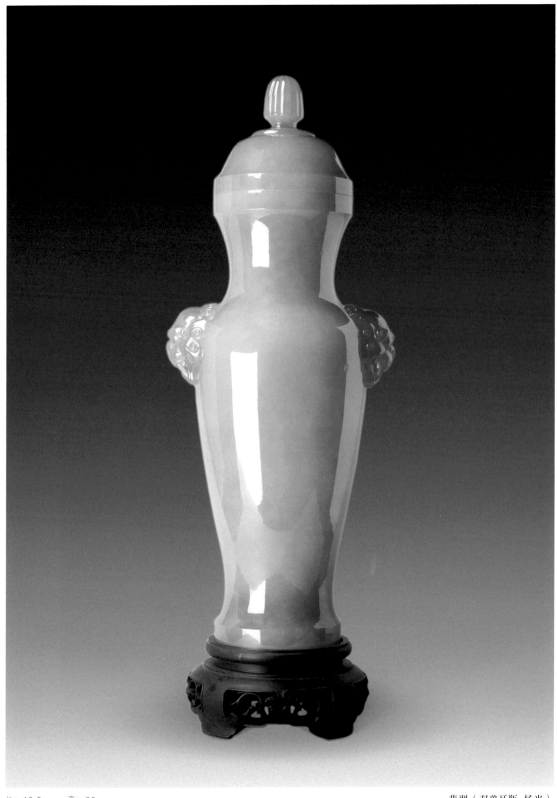

长：13.8 cm 高：33 cm

翡翠（双兽耳瓶 杨光）

和田玉

概念

　　和田玉是中国历史上著名的四大名玉之一。根据国家标准《珠宝玉石名称》规定："天然玉石由自然界产出的，具有美观、耐久、稀少性和工艺价值的矿物集合体，少数为非晶质体。"和田玉在矿物学中被称为软玉，是指细小的透闪石矿物晶体呈纤维状交织在一起构成致密状集合体。中国新疆和田是软玉的重要产地，这里所产的软玉质量最好，玉质最温润。因此，软玉又被称为"中国玉""和田玉"，但和田玉的概念却有狭义和广义之分。

　　狭义和田玉概念：狭义和田玉是指产自塔里木盆地之南的昆仑山，西起喀什地区塔什库尔干县之东的安大力塔格及阿拉孜山，中经和田地区南部的桑株塔格、铁克里克塔格、柳什塔格，东至且末县南阿尔金山北翼的肃拉穆宁塔格，这个地理区域内产出的和田玉才是行家藏家们认可的和田玉。和田玉温润纯净、状如凝脂，因最早产于新疆和田地区的玉龙喀什河、卡拉喀什河，以及和田地区一带的昆仑山脉的山料、山流水之中，故此得名。

长：13 cm　高：15.5 cm

白玉活环双龙耳匜

广义和田玉概念：以透闪石、阳起石为主要矿物成分的玉石，包括中国（新疆、青海、辽宁）、俄罗斯、加拿大、罗马尼亚、韩国等地产出的透闪石类玉石，以及其他各个地方产的透闪石类玉石，都统称为和田玉。因为国家标准是根据矿物成分鉴定命名，而不是分析鉴定出产地。国家标准《珠宝玉石名称》中规定"带有地名的天然玉石基本名称，不具有产地意义"，在新疆维吾尔自治区地方标准《和田玉》中规定"和田玉作为一种天然玉石的名称，不具有产地含义"。因此，只要是透闪石类玉石，均可由鉴定机构出具和田玉的证书。

基本特征

和田玉主要是由角闪石族中透闪石、阳起石类质同象系列矿物所组成。主要矿物为透闪石、阳起石、可含透辉石、滑石、蛇纹石、绿泥石、绿帘石、斜黝帘石、镁橄榄石、粗晶状透闪石、白云石、石英、黄铁矿等。

和田玉的矿物结构细小，结构致密均匀，质地细腻、润泽且具有较高的韧性。其颜色非常丰富，有白色、青色、灰色、浅至深绿色、黄色至褐色、墨色等。表面呈油脂光泽、蜡状光泽或玻璃光泽，为半透明至不透明，绝大多数为微透明，极少数为半透明。和田玉硬度6~6.5，高档玉硬度较大，低档玉则硬度较小。和田玉韧度高，难以破裂，耐磨，是目前世界上所有玉石中韧度最高的。

常见产地和田玉特征：产地在确定和田玉的价值时，起着非常重要的作用。虽然出产广义和田玉的地区和国家在全世界很多，但新疆和田玉仍被称为世界软玉之首。目前各地所产和田玉在矿物成分、结构构造、物理性质等特征上基本相同，仪器测试分析也几乎没有差别。但由于矿物结晶颗粒粗细以及不同产地和田玉中所含微量元素组成的不同，故在某些感官特性方面，如颜色、透明度、质地等仍存在某些细微的差异，尤其是不同产地和田玉原料的价格，存在着很大的差别。

新疆料

新疆料：新疆产和田玉的矿区有若羌至且末矿区、和田至于田矿区、莎车至塔什库尔干矿区、天山矿区、阿尔金山矿区。新疆出产的和田玉形式较丰富，有山料、籽料、山流水料、戈壁料。颜色有白色、青绿色、黑色、黄色等，多数为单色玉，少数有杂色。新疆和田玉呈油脂或蜡状光泽且滋润感较强，好的材料无瓷性，因厚度不同透明度也不同，整体呈微透明或半透明状，光滑，油脂感强，手感较沉。硬度6~7，油性好，色度纯正，质地细腻滋润，杂质少。

青海料：青海产和田玉又称青海料。结构为纤维变晶结构、毛毡状结构、半自形中立镶嵌结构及残晶结构。结构较松散，脆性大，透明度高，油性差。光泽不及新疆产和田玉强，硬度也较新疆料略低，一般为5~6，抛光不好的成品表面有毛玻璃的感觉。结构里常见有比玉石结构更为透明的玉筋，俗称水线。细小松散的点状、絮状物是它的典型特点。颜色除白色外，还有青白、青、绿（翠青）、黄、糖（浅褐）、紫（烟青）色等多种颜色，这是青海产和田玉的一大特点。

青海料

岫岩料：辽宁岫岩产和田玉，也叫河磨玉。本身是透闪石玉，透闪石含量在95%左右，产于岫岩县细玉沟沟头的山顶上。河磨玉硬度6.36~6.46，很少纯白色。根据地质产状不同，岫岩和田玉可分为原生矿和砂矿两大类，砂矿又可细分为坡积矿和冲积矿两类。岫岩和田玉可分为山料（老玉）、河料（河磨玉）、山流水料三个品种。河磨玉有多种颜色，由浅至深可分为白色系列、黄白系列、绿色系列和黑色系列。其中河磨玉属溪坑子玉，内部云絮状纹理粗且杂乱，颜色大都以青色或青黄色为主，且夹带石性很重的礓斑和皮，经常出现皮夹肉、肉夹皮的情况。

岫岩料

俄罗斯料：俄罗斯产和田玉又称俄料，在市场上十分多见。主要成分为透闪石，杂质较少。以白玉、碧玉、青玉为主，有少量黄玉。其中白玉质量远远超过其他产地的和田玉，但稍微发干。俄罗斯产和田玉与新疆产和田玉虽然同属于昆仑山系矿脉产出的透闪石玉系列，但在结构和物性

俄罗斯料

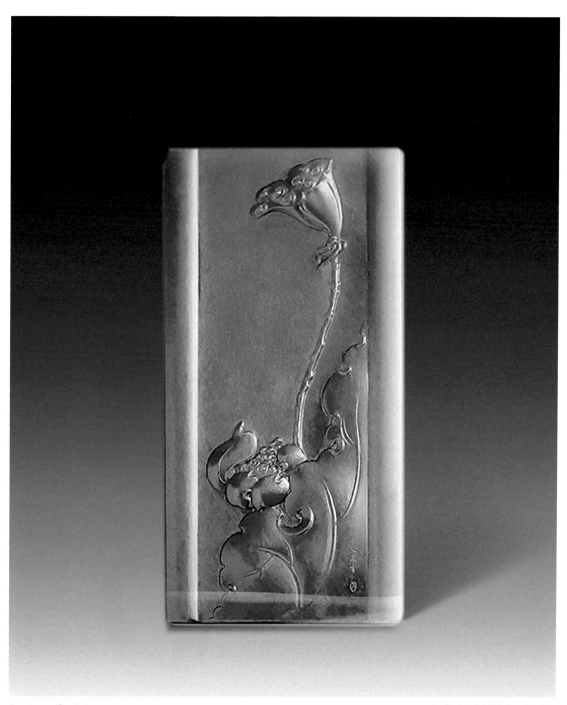

长：4 cm　高：7.4 cm

河磨玉（寒潭荷影　王志戈）

上还是略有区别的。俄料以山料为主，透明度不如青海料，油润度也不如新疆料，但其玉质纯正，常见颜色有白色、黄色、褐色、棕色、青色、青白色等。俄罗斯碧玉的绿色较正，原料中有黑点及颜色的明暗分布，大多数俄罗斯碧玉能看出萝卜纹的结构特征，多黑点，颜色不均匀。俄料也有籽料，俄籽料的白色氧化皮较厚，皮下的糖色多呈黑褐色，颜色较深，与白色界限较清晰。俄罗斯白玉的矿体由于受挤压构造运动的影响，含三价铁离子的溶液沿解理缝或裂隙渗滤，形成了极具个性的棕色、褐色糖玉品种。

韩国料

　　韩国料：韩国产和田玉一般称为韩料，是一种产于朝鲜半岛南部春川地区的软玉。目前出现的韩料均为山料，韩料并非新玉种，但老坑料已基本采完，现在的韩料应该是新发现的矿坑。韩料的矿物组成结构和微量成分与和田玉基本相似，都是以透闪石为主的矿物。硬度 5.5 左右，比其他产地和田玉略低，密度也微小于新疆产和田玉，手感略轻，质地略松，雕琢时容易崩口，抛光后油脂光泽不强，不够柔和。韩料多显青黄色和淡淡的棕色，透明度小于青海料，白度不如俄料。

加拿大料

　　加拿大料：加拿大拥有目前世界上最大的已确定的和田玉储藏量，但还没有发现白玉，只有碧玉。硬度为 6.5，属于软玉的一种。质地均一，块度大，颜色鲜艳。由于都是山料，加拿大和田碧玉的产出体量很大。主要成分由透闪石和阳起石类矿物组成，其化学组成、硬度、折光率、强度等物理性质与和田玉相同。但因含有阳起石，所以含铁量比较高。发现玉石的周边山脉铁矿含量较大，所以加拿大和田碧玉呈现出自然绿色。其顶级品"北极玉"的质地最为上乘，是出产在北极圈内的一种碧玉，质地细腻，光洁润泽，碧绿滴翠，是碧玉中的奇葩，但产量不到加拿大碧玉的 1%。

台湾料

　　台湾料：台湾产和田玉分布于花莲县丰田地区的软玉成矿带内。硬度为 6.5 左右，玻璃至蜡状光泽，光泽柔和滋润，韧性大，多呈草绿色、浅深黄色、淡黄色、暗绿色。因台湾产和田玉中具有猫眼效应的透闪石细脉，故使其独具特点。

贵州料：产于贵州省罗甸县红水河镇关固村的和田玉，是近几年新出现的和田玉品种。以白色为主，颜色略带蓝色调，内部结构较为细腻均匀，呈微透明至不透明状，硬度和密度较低。结构虽然细腻，但多数料发闷，有点僵，缺少油脂光泽，略显呆滞，有点类似于瓷器。

贵州料

种类

和田玉的种类可以按颜色和产出环境进行划分，按颜色分：

白玉：白玉在世界各地的软玉中是最为珍贵的。含透闪石 95% 以上，颜色洁白、质地纯净细腻、光泽油润，为和田玉中的优良品种。主要产地在新疆、青海、俄罗斯。羊脂白玉是白玉中的上品，含透闪石达 99%。色白，呈凝脂般含蓄光泽，经济价值远胜于其他白玉。白玉主要矿物透闪石就是钙镁的硅酸盐，纯净的透闪石是无色或白色的，在其成矿过程中残留了过多的碳酸钙，就会成为透闪石化大理岩。当玉质中含有少量其他矿物成分，就形成了白度较差的白玉或青白玉。

长：12 cm　宽：5 cm　高：12 cm

白玉（观音 范同生）

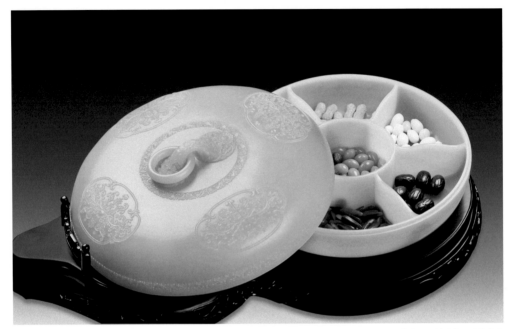

长：11.5 cm 高：29 cm

青白玉（福盒 王金高）

　　青白玉：青白玉是以白色为基调，白中泛淡淡的青绿色，属于白玉和青玉的过渡品种，质地与白玉无显著差异，经济价值略次于白玉，主要产地在新疆、青海、辽宁及俄罗斯、韩国等。

　　青玉：青玉的矿物成分主要是透闪石、阳起石和微量铁质。一般青玉矿床都是一色的青玉，青玉中阳起石含量较高，但质地细腻。青玉的颜色种类很多，有淡青、青绿、深青、碧青、灰青、竹叶青、灰白等，颜色均匀，质地细腻，呈油脂状光泽，储量丰富。青玉中常见大块料，所以常被雕琢成大型摆件，具有很高的艺术价值。主要产地在新疆、青海、辽宁及俄罗斯、韩国等国家和地区。

　　黄玉：黄玉较罕见，质优者不次于羊脂玉。黄玉的矿物成分和青玉差不多，也是以透闪石为主，只不过是各个元素的含量不同。在成矿构成中，微量铁盐蚀变透闪石岩形成，使玉质变黄，黄色的主要来源是由于铁离子的存在，所以黄玉的致色元素以三价铁离子为主。

青玉料

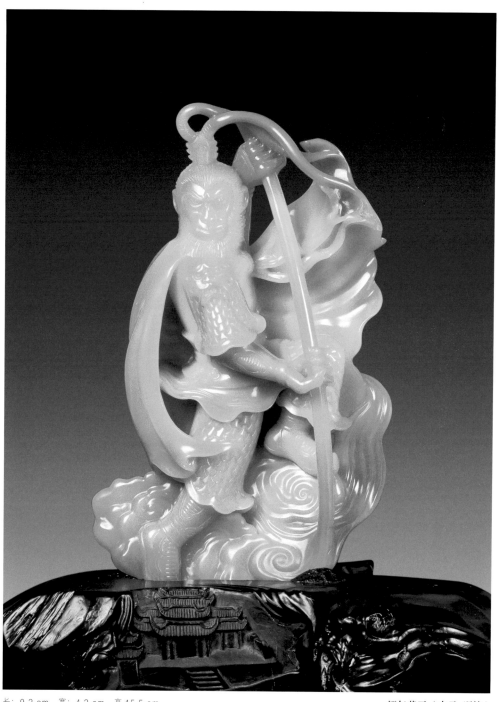

长: 9.2 cm　宽: 4.2 cm　高 15.5 cm

缅甸黄玉（大圣　顾铭）

直径：5.8 cm

碧玉（百字明咒 庞然）

碧玉：碧玉的主要矿物成分是透闪石和阳起石，还含有少量二氧化硅、铁、铜、石墨等。碧玉呈现翠绿色是因含有致色元素铬，而杂质元素铁的含量多少又可导致碧玉呈现深浅、色调不同的绿色，常见的有灰绿色、褐绿色、深绿色、墨绿色。碧玉以颜色纯正无杂质的绿色为上品，产地有我国的新疆、青海、台湾地区，及加拿大、新西兰、俄罗斯等国家。

墨玉：墨玉是在形成过程中，玉质中带了大量的石墨所导致，最终表现出黑色的特点，所以墨玉是杂质致色。墨玉由墨色到淡黑色，其墨色多为云雾状和条带状，一般有聚墨、片墨、点墨之分。透闪石中夹石墨成分即呈黑色，墨玉多为灰白或灰墨色玉中夹黑色斑纹，黑色斑纹浓重密集的称纯漆墨，乃是上品，十分少见。聚墨是石墨分布在整块玉料上，基本看不到其他颜色，玉色为纯黑。片墨是玉色黑白相间，点墨则分散成点状。由墨玉和白玉两种颜色的玉组合而成的又叫"青花玉"，黑白分明的青花和田籽料俗称"黑白子"。墨玉主要产地在我国的新疆、青海及俄罗斯。

直径：16 cm

墨玉（双飞燕洗 冯钤）

长：18 cm 宽：10 cm 高：13 cm   **糖玉（鳄挽狂澜 苏建云）**

　　糖玉：糖玉形成于白玉、青白玉、青玉山料的外围带，属风化作用的产物。白玉、青白玉中的二价铁离子变为三价铁离子，就形成褐色色调，导致外层为糖色。一般大块的和田玉由内到外的颜色是过渡渐变，逐步加深的，可从浅黄色过渡到外围的褐红色。糖玉和黄玉的区别，是将原生色的玉料划分为黄玉，次生氧化致色的玉料划分为糖玉。糖玉是类似于红糖的红褐色，主要是玉石中所含的铁在漫长的形成过程中被氧化而呈红褐色。三价铁离子渗入透闪石或深浅不同的红色皮壳，深红色称为糖玉，白色和糖色都存在时又称糖白玉。主要产地有新疆、辽宁及俄罗斯。

　　和田玉按产出环境主要分为籽料、山料、山流水料、戈壁料。

　　籽料：籽料是山料原生矿或山流水料随着雨雪和山洪的冲刷，被外部力量搬运到玉龙喀什河、喀什喀拉河、叶尔羌河和克里雅河等河流中。经过水流亿万年的冲刷以及在

长：3.2 cm 宽：1.3 cm 高：3.5 cm

和田籽料（必定成龙 吴金星）

水流搬运过程中的摩擦、碰撞，而逐步成为似卵石状的和田玉。其块度较小，表面光滑，形状为卵形，并且多数带有糖皮或者其他颜色表皮。籽料经常分布于河床及河流冲积扇和两侧阶地中，或者裸露，或者被掩埋在地下。在河流中游的籽料有各种颜色，白玉籽料、青玉籽料、青白玉籽料、墨玉籽料、碧玉籽料、黄玉籽料等。籽料的主要产地为新疆、辽宁及俄罗斯。

山流水料：山流水料就是原生矿的山料玉料，在地质作用的影响中风化崩落，并由河水搬运至河流中上游的玉石。山流水料的特点是距离原生矿近，块度较大。其玉料表面磨损稍有磨圆，地质学称"次棱角状"。一般出现在河流上游、矿床属残积、坡积、洪积型或冰川堆积型。这类玉石虽受自然剥蚀及泥石流、雨水冰川的冲蚀搬运，但自然加工的程度有限，尚未完全变成籽料。主要产地为我国的新疆、青海、辽宁及俄罗斯。

山流水料　　　　　　　　　　　　　　　　　　　　山料

山料：山料指产于山水的原生玉矿，山料的特点是块度大小不一，有棱有角，表面粗糙，断口参差不齐。山料是各种玉料的主要来源，不同的玉石品种都有山料，如白玉山料、青白玉山料等，所有的产地都出产山料。

戈壁料

戈壁料：戈壁料是分布在塔里木盆地南沿至昆仑山北坡下的戈壁滩上。一部分由山流水料形成，一部分由籽料形成。形成过程为原生矿山体破碎以后，山料崩落，由海水或河水为载体运离山体，经多年的风沙磨砺而成。或因地质运动不断改变着地球表面的环境，玉龙喀什河原来的河滩变成了沙漠、戈壁，古河道的籽料或者山流水料被暴露在阳光与风沙之中，经过不断侵蚀形成了戈壁料。戈壁料的表面有较深的、光滑的、坑洼状的麻皮坑或波纹面，也叫柚子皮、橘子皮、鱼子皮。因戈壁料长期经风沙磨砺，类似天然抛光，使戈壁料留下了玉石最坚硬致密的部分，硬度比和田籽料还要高，并具有极好的油润性。颜色包括白玉所有的色系，以青、黄、糖较为多见，也有黑碧色、墨色等。戈壁料的主要产地在新疆。

独山玉

特征

独山玉产于河南南阳市北 8 公里的独山，又称南阳玉或独玉，是中国历史上著名的四大名玉之一。它与只有一种矿物元素组成的硬玉、软玉不同，是以硅酸钙铝为主的含有多种矿物元素的蚀变辉长岩。多数品种为溶蚀交代结构、细粒（变晶）结构、变余碎斑——糜棱结构或隐晶结构，部分品种为碎裂结构、中粗粒（变斑）结构或花岗变晶结构、辉长结构等。多数为致密块状构造、条带状、条纹状构造，部分为弱定向条纹状——条带状构造、角砾状（碎裂）构造。独山玉的硬度为 6~6.5，玉质坚韧微密，细腻柔润，色泽斑驳陆离。

独山玉是一种蚀变斜长岩。矿物组成除斜长石外，还有黝帘石、绿帘石、透闪石、绢云母、黑云母和榍石等。由于玉石中含各种金属杂质电素离子，所以玉质的颜色有多种色调，以绿、白、杂色为主，也见有紫、蓝、黄等色。

独山玉由钙铝硅酸盐类矿物组成，其原生矿石还含有微量的铜、铬、镍、钛、钒、锰等。呈玻璃光泽，多数不透明，少数微透明。由于所含有色矿物和多种色素离子，使独山玉的颜色复杂和变化多端。其中 50% 以上为杂色玉，30% 为绿色玉，10% 为白色玉。玉石成分中含铬时呈绿或翠绿色；含钒时呈黄色；同时含铁、锰、铜时，呈淡红色；同时含钛、铁、锰、镍、钴、锌、锡时，多呈紫色等。

分类

独山玉颜色丰富，鲜少单色玉料，多由两种或两种以上色调组成大致平行的多色玉料，自脉壁向脉中心呈现出由淡到浓、再由浓到淡的渐变过渡关系。独山玉是一种多色玉石，按颜色可分为八个品种。

白独山玉：白为主色。系由斜长石和黝帘石及少量绿帘石、透辉石、绢云母、方解石和榍石组成的黝帘石化斜长岩玉。硬度 6.4，质地细腻，具溶蚀结构，呈玻璃——油脂光泽，半透明至微透明。依透明度及质地不同又可分为透水白、白、乌白三个品种。

白独山玉料

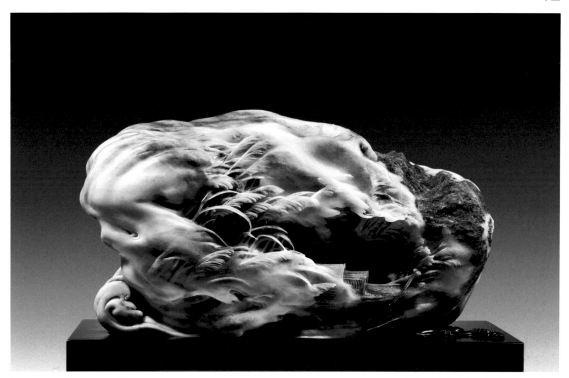

长：43 cm 宽：26 cm 高：26 cm

独山玉（芦花浅水轻舟还 司岩松）

长：20 cm 宽：12 cm 高：33 cm

白独山玉（绰约新妆 玉神出品）

绿独山玉：绿为主色，因致色矿物含量不同，可分为翠绿、绿、灰绿、蓝绿、黄绿等色调，并常与白色相伴。颜色分布不均匀，多呈不规则带状、丝状或团块状。半透明至透明，系由黝帘石、钙长石、拉长石、铬云母、透辉石、榍石、阳起石、绿帘石、方解石、沸石和葡萄石等组成的蚀变斜长岩玉，具等粒状结构或溶蚀交代结构。块状或条带状构造，硬度5.8~6.1，玻璃光泽，部分为油脂光泽。

绿独山玉料

长：30 cm 宽：13 cm 高：24 cm

绿独山玉（百财纳福 玉神出品）

天蓝独山玉料

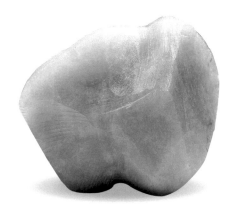

青独山玉料

青独山玉：青色、灰青色、蓝青色。颜色主要与角闪石和透闪石有关。为糜棱岩化辉石岩或次闪石化糜棱岩化辉长岩。辉长结构、块状结构、条带状构造，多不透明，为独山玉中常见品种。

长：32 cm　宽：12.5 cm　高：20.5 cm

青独山玉（千古一帝　玉神出品）

酱独山玉：酱褐色，由富含三价铁离子的黑云母所致。为黑云母化斜长岩，由斜长石、黝帘石、黑云母以及阳起石、绿帘石、榍石、电气石、褐铁矿等矿物组成，斑状及溶蚀交代结构，块状及条带状构造。硬度5.4，玻璃光泽，微透明。

黄独山玉：黄绿色或橄榄绿色，颜色主要与含致色原色三价铁离子的绿帘石有关，属绿帘石黝帘石化斜长岩玉。具显微花岗变晶结构，块状构造。玻璃光泽，微透明，根据色调变化可分为棕黄玉、紫黄玉等品种。

红独山玉：芙蓉色、粉红色或淡褐色，由斜长石、黝帘石、绿帘石、透辉石、金红石、榍石等组成。溶蚀交代结构、粒状结构，块状构造、弱定向条带状构造。硬度5.9，微透明，玻璃光泽，以其色调可分为芙蓉玉、褐独玉两种。

酱独山玉料

酱独山玉料

 长：23 cm　高：38 cm　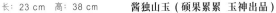**酱独山玉（硕果累累 玉神出品）**

长：36 cm　宽：18 cm　高：50 cm　　　　　　　　酱独山玉（东篱秋香 玉神出品）

红独山玉料

长：4.5 cm　高：8 cm　　　　红独山玉（韵荷 玉神出品）

黑独山玉：呈黑色、墨绿色，玉色与次闪石化有关。颗粒粗大，常为块状、团块状或点状与白玉相伴。为次闪石化黝帘石化斜长岩，碎裂结构、糜棱结构、交代结构，块状构造、弱定向条纹状构造。玻璃光泽，微透明至不透明。

花独山玉：为独山玉特有的种类，占玉石总量近半。为多期多阶段成玉作用叠加结果，多呈绿、黄、青、紫相间的条纹、色带，以及各种花色经相互侵染后，以渐变过渡的形式出现于同一块玉料上。玻璃光泽，不透明至半透明，溶蚀交代结构、残余碎裂结构，块状构造、弱定向条带（纹）构造。

黑独山玉料　　　　　　　　　　　　　　　　　　花独山玉料

长：30 cm　宽：5 cm　高：10 cm

黑独山玉（暗香浮动 董学清）

长：45 cm　宽：36 cm　高：58 cm

花独山玉（山花烂漫　玉神出品）

岫岩玉

特征

　　岫岩玉又称岫玉，以产于辽宁省鞍山市岫岩满族自治县而得名，为中国历史上著名的四大名玉之一。广义上可以分为两类，一类是老玉（亦称黄白老玉），老玉中的籽料称作河磨玉，属于透闪石玉，是和田玉的一种，其质地朴实、凝重、色泽淡黄偏白，十分珍贵。另一类是岫岩碧玉（亦称瓦沟玉）属蛇纹石类矿石，其质地坚实而温润，细腻而圆融，多呈绿色至湖水绿色。其中以深绿、通透少瑕为珍品。岫岩玉山生水藏，质地坚韧，细腻温润，光泽明亮，色彩丰富。具有块度大、色度美、明度高、净度纯、密度好、硬度足六大特点，自古以来就是理想的玉雕材料。

　　岫玉蛇纹石玉一般为致密块状构造，可雕性和抛光性好，半透明至微透明，玻璃光泽至蜡状光泽，硬度 4.7~5.4。常见颜色有绿色、黄色、白色、灰色、黑色、褐色或花色等。岫岩透闪石玉为致密块状构造，毛毡状结构为主，质地细腻，微透明至不透明，玻璃光泽至油脂光泽，硬度 5.6~6.5。常见颜色有白色、黄白色、青白色、青色、糖色、碧色、墨色等。

　　岫岩玉颜色丰富，极其美丽。其颜色的深浅与铁含量的多少有关，含铁多时一般色深，反之则色浅。当岫岩玉全部由蛇纹石组成时，其透明度就高。如果其中杂质含量达 5% 至 10%，则透明度差。当岫岩玉中铁、镁含量高时，其透明度就会变差；反之则透明度增高。

分类

　　岫岩玉只是从地域概念上对岫岩出产的玉石的统称，实际上岫岩的玉石矿产并不是单一的一种。它在矿物学上可以分为三种，即透闪石玉、蛇纹石玉和透闪石玉蛇纹石玉混合体三大类，其中以蛇纹石玉为主。蛇纹石玉含少量纤蛇纹石、胶蛇纹石。透闪石玉主要由透闪石组成，绿泥石玉主要由叶绿泥石组成。

　　岫玉，产于岫岩哈达碑镇瓦沟地区，是中国最大的玉石产地，也就是普通意义上的岫玉。岫玉属蛇纹石玉，它的主要矿物成分是叶蛇纹和纤维蛇纹石，硬度 4.7~5.5。突出特点是质地细腻温润，外表呈玻璃状光泽，颜色绚丽多彩，透明度较高。蛇纹石岫玉颜色丰富，有浅绿、翠绿、黑绿、白、黄、淡黄、灰等，但是以绿色为主，其中碧绿色、透明度好、无裂纹、少棉且不跑色的当属高档玉料。蛇纹石岫玉容易跑色，虽说随着外部环境的变化，几乎所有的玉石种类都会有颜色的变化，但蛇纹石岫玉跑色就相对明显，这种情况应该和蛇纹石矿中结晶水含量的变化有关。

长：38 cm 宽：10 cm 高：52 cm

岫玉（乘风 唐帅）

河磨玉，产于岫岩偏岭镇细玉沟村的河床里，它外包石皮，内藏美玉，是玉中珍品。河磨玉属于透闪石玉，产于河床砾石之中，因河水长期冲刷及砾石摩擦，棱角殆尽而形成并得名。所谓石包玉，外表形状与山石无异，石皮内含玉，玉质丰润而坚硬，多分布在细玉沟河谷间地表下。由于玉质好，产量相对小，价格十分昂贵。颜色可以分为白玉、黄白玉、绿玉、墨玉四个基本类型。其主要化学成分为二氧化硅、氧化镁、氧化钙、三氧化二铝、氧化铁、氧化钠等，硬度6~6.5，品质与新疆产和田玉不相上下。

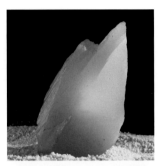

冰种岫玉料

老玉，产于岫岩偏岭镇细玉沟村，属于透闪石玉。因为开发使用比较早，所以称为老玉。它的主要化学成分为二氧化硅、氧化镁、氧化钙、三氧化二铝、氧化铁、氧化钠等。它的质地坚硬，硬度6~6.5，微透明，少量呈纯白色，多呈黄白色、青白色、青绿色，其中以黄白老玉为上品。它的突出特点是质地异常细腻、温润，外表微透明，呈蜡状、油脂状光泽，多呈翠绿色，类似翡翠。

岫玉料

花玉，产于岫岩哈达碑镇瓦沟村。花玉是指蛇纹石玉在地表氧化带受次生褐铁矿浸染的玉种，即一部分富含硫化铁的蛇纹石玉，当其处于地表氧化带时，由于风化作用，其中的硫化铁发生分解，形成铁的溶液，沿着蛇纹石的裂隙渗透浸染形成黄褐色褐铁矿或红色赤铁矿，从而使蛇纹石玉被染上黄色、褐色或红色的斑块和条纹，俗称花玉，其化学成分和硬度基本与岫玉相同。

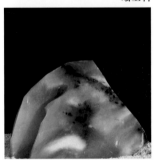

岫玉水墨料

甲翠，主要出产在岫岩的三家子镇、大房身镇等地，是岫岩玉的一个特殊品种。介于透闪石玉和蛇纹石玉之间，具有透闪石玉与蛇纹石玉的综合成

岫岩玉料

岫岩黄白老玉料

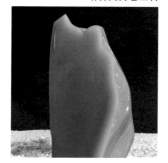

河磨玉料

花玉料

岫岩玉180料甲翠和绿肉料

分和特性。甲翠的颜色不是单一的颜色，而是白绿相间的混合色，基本不透明或微透明，极似翡翠，故称其甲翠。硬度5~6，和玻璃差不多。

从颜色上分，岫岩玉还可以分为碧玉、青玉、黄玉、白玉、花玉等十几种，按产地环境可以分为井玉、坑玉、石包玉、河磨玉等；按出产地分，有瓦沟玉、细玉沟玉等。岫岩玉的颜色多种多样，其基本色调可以分为绿色、黄色、白色、黑色、灰色5种，每一种又可根据色调由浅到深的具体变化分为多种。绿色可分为淡绿、浅绿、黄绿、绿、深绿、墨绿；黄色可分为浅黄、黄、柠檬黄；白色可分为白、乳白、黄白、灰白；黑色的俗称墨玉，可分为灰黑、黑；灰色俗称火石青，可分为浅灰、灰、青灰、黑灰；杂色即是原色夹杂红、黄、褐等次生色，称为花玉，如果是白色加绿色则为甲翠。

品质

鉴别岫岩玉品质的高低，可以分几方面，一是看颜色，由于岫岩玉较之于其他玉类，其色彩特别丰富，种类齐全且深浅不一，富有变化。所以颜色不要太浓，亦不能过淡。最好是颜色浓度适中，鲜艳亮丽且分布均匀。如果材料存有一些杂质，使得颜色不纯正，这就叫偏色。二是看透明度，不透明的玉石有很多，呈半透明状的就显得比较珍贵，而全透明的岫岩玉品质最好。三是看质地，岫岩玉的玉质相对来说细腻一些，也有些质地较粗糙。品质优良的岫岩玉，自然是那些晶体颗粒细腻、结构紧密，少杂质、瑕疵、裂纹，并且可以通过放大镜或是显微镜观察。再就是看净度，虽然岫岩玉内部的杂质、瑕疵或裂纹是天然特征，却也影响着岫岩玉的品质，更影响着透明度。因此，杂质、瑕疵越少，其品质就越好（通常，岫玉以180料为最佳，220料次之。）

蓝田玉

特征

　　蓝田玉因产于陕西省西安市的蓝田山而得名，是中国历史上著名的四大名玉之一，也是中国开发利用最早的玉种之一。历史悠久，素有"玉种蓝田"之美誉，虽历代古籍均有记载，但古蓝田玉原生玉矿至今尚未找到。而现代开采的蓝田玉矿床位于陕西省蓝田县玉川镇红门寺村一带，距县城约有 35 公里，含矿岩层为太古代黑云母片岩、角闪片麻岩等。

　　蓝田玉为细粒大理岩，主要由方解石组成。按矿物成分及外观特征可分为五种，即白色大理岩、浅米黄色蛇纹石大理岩、黄色蛇纹石大理岩、苹果色蛇纹石大理岩、条带状透闪石化蛇纹大理岩。蓝田玉属蛇纹石化的透辉石类，矿物成分主要有蛇纹石化的大理石、透闪石、橄榄石及绿松石、辉绿石、水镁石等形成的沉积岩。

　　蓝田玉有白、米黄、黄绿、苹果绿、绿白等颜色。呈玻璃光泽、油脂光泽，微透明至半透明。块状构造、条带状构造、斑花状构造，质地致密细腻坚韧，硬度 2~6。

　　蓝田玉石矿产于中元古界宽坪岩岩群之大理岩带中，其成因为区域变质、接触交代变质共同作用而形成。蓝田玉新矿储量丰富，玉石的种类主要分为白玉、墨玉、黄玉、绿玉、青玉和红玉等六大类。质地坚硬，色彩斑斓，光泽温润，纹理细密，由于含有氧化的硅、铝、镁、钠、钙、铜等元素，往往一玉多色，乳白、青、黄、红诸色错杂，是良好的玉器雕琢材料。

蓝田玉料

蓝田玉杯

从玉质特征来看蓝田玉的特征。一是看色调，蓝田玉颜色有典型的浅橄榄色、淡黄绿色，是蛇纹石由橄榄石蚀变形成的，所以有橄榄石颜色的遗留。二是看手感，因蛇纹石比重较低（和水晶的比重差不多），拿在手里，不会感觉很沉，所以手感较轻。三是看包体，像所有的蛇纹石质玉石一样，蓝田玉也有白色的云翳状包体。四看光泽，蛇纹石的光泽普遍不太好，很少有能达到玻璃光泽的，一般的蛇纹石都是蜡状光泽。

黄龙玉

黄龙玉，又称黄蜡石。硬度好、透度高、色彩鲜艳丰富，因其产在龙陵，又以黄色为主色，故最终得名为黄龙玉。2011年通过国家规定的玉石标准，将国际标准的黄玉髓命名为黄龙玉，并且不具有产地意义。优质宝石级的黄龙玉主要产自云南省保山市龙陵县小黑山自然保护区及周边的苏帕河流域，距离缅甸翡翠产区非常近，同属于亚欧板块和印度洋板块相互挤压而成的滇缅宝玉石成矿带。黄龙玉是2004年在云南龙陵被发现的一种新玉种，其主色调为黄、红两色，兼有羊脂白、青白、黑、灰、绿等色。

黄龙玉的主要成分有二氧化硅、白云母等，另含有铁、铝、锰等金属元素及 40 多种微量元素。但和水晶不同，它并非单晶体，而是类似翡翠及和田玉的多晶复合体。硬度为 6.5~7，韧性好于翡翠，略低于和田玉。黄龙玉颜色极为丰富，有黄、红、白、灰、黑以及极为少见的紫、绿等颜色。其中黄色系有帝王黄、鸡油黄、橙黄、明黄、土黄等；红色系有鸡血红、鲜红、朱红等。除单一玉色的玉料外，更多的黄龙玉表现为两种或两种以上玉色特征。根据其不同的色彩表现，人们将黄龙玉分为乌鸦皮（表皮乌黑）、金包银（内白外黄）、五彩玉（镇安五彩玉料）等。

黄龙玉为隐晶质矿物集合体，主要由隐晶质石英组成。因其组织结构的不同，其玉质表现度亦不相同。主要有宝石种、冰种、油种、皮冻种、微晶种、雪花种。其质地可以定义为它的结构与透明度的组合。特定的透明度与结构的组合，就是一种质地的类型。黄龙玉的结构组成就是黄龙玉的矿物结晶程度、颗粒大小、晶体形状及其之间的结合关系。

黄龙玉的光泽可分为凝胶状光泽、油脂光泽、蜡状光泽、玻璃光泽、土状光泽。因黄龙玉是隐晶质矿物集合体，故其质地越细腻就越好。表现为抛光度好，籽料的手感细腻柔美，有丝绸般的质感。有些虽肉眼看不出材料内在的晶粒，但在抛光过程中，或者籽料水洗度上可明显感觉得出的，

黄龙玉摆件　　　　　　　　　　　黄龙玉玉玺

其种为一般。如果说凭肉眼即可看出晶粒者，则品级较差。种的好坏直接决定黄龙玉的价值，所以这是判定黄龙玉品质的一个重要标准。水头实际上就是指玉石的透明度，水头好的黄龙玉也称水头长或水头足，不好的称为水干。而色不仅仅指黄龙玉的颜色，也指其色彩的饱和度。黄龙玉以调为主，则拥有多种色系，它的颜色应以浓（浓郁）、阳（鲜明）、正（纯正）、和（柔和）为准。至于净度则是指玉石内所含有的杂质及绵的多少。天然的玉石，质地特别纯的极少，大多数多含杂质。

黄龙玉摆件

黄龙玉白皮籽料（天鹅绒）

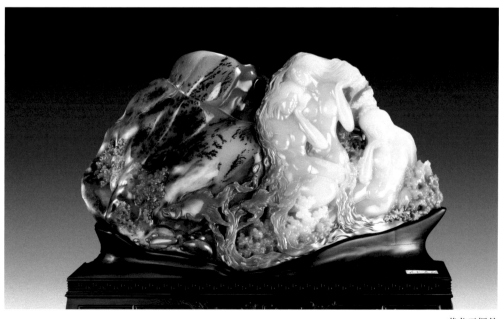

黄龙玉摆件

密玉

特征

    密玉是产于河南省新密市的石英岩质玉石，为石英含量大于 97% 的晶质矿物集合体。含少量绢云母、销石、电气石、金红石、磷灰石、铁质等。质地致密、细腻、光洁。密玉含有少量暗色矿物或白色黏土质矿物杂质，属于晶质矿物集合体。粒状结构，呈致密块状。常见绿、红、白、黄、紫、青、黑等颜色，色较均匀。呈玻璃光泽、油脂光泽，硬度 7，是非均质集合体。以深绿为佳，块体越大越好。

    密玉在形成过程中，由暗色矿物定向排列生成的线状暗色条纹或微裂纹愈合后形成的线状白色条纹，常见的红色、黑色条纹被称为"红筋""黑筋"，白色条纹被称为"白筋"或"水线"。

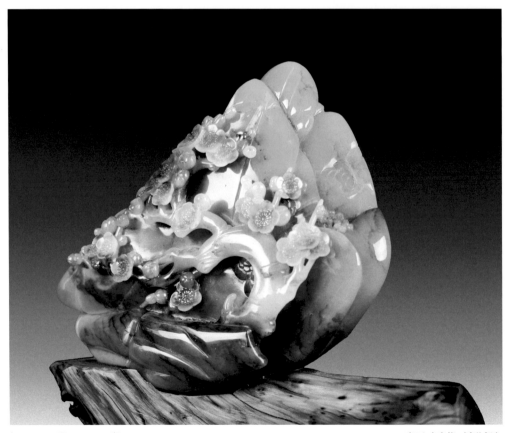

长：5 cm　宽：11 cm　高：12 cm

密玉（咏梅 刘世超）

分类

　　绿密玉：以绿色为主色调的密玉，按颜色饱和度分为翠绿密玉、草绿密玉、豆绿密玉、淡绿密玉。其中翠绿色色泽纯正、均匀，微透明，放大镜下可见微量杂质，质地细腻光洁；草绿色则略带黄色调，颜色较均匀，微透明，肉眼可见微量杂质；豆绿色有不均匀的绿色丝线状分布，微透明，肉眼可见少量暗色及白色斑点状杂质；浅绿色呈深浅不匀的绿色条纹分布，微透明，肉眼可见明显的暗色及白色斑点或斑块状杂质。

　　白密玉：以白色为主色调的密玉，可带黄、灰色调，分别为乳白密玉、黄白密玉、灰白密玉。其中白色、乳白色呈微透明状，细腻致密，肉眼可见少量暗色及白色斑点状杂质；黄白灰黄色调的白色微透明，肉眼可见明显的暗色及白色斑点或斑块状杂质；灰白色呈微透明至半透明状，肉眼可见明显暗色及白色斑点状杂质。

长：20 cm　宽：8 cm　高：21 cm　　　　　　　　　　　　　　　**绿密玉（和谐 王玉坤）**

红密玉（荷塘声色　田学峰）

高：26 cm

黄密玉（黄财神　田学峰）

高：36 cm

红密玉：以红色为主色调的密玉，带紫色、褐色色调，分为枣红、褐红、淡红。其中枣红色、紫红色，可见深浅不均的颜色条纹，呈微透明状，肉眼可见明显暗色斑点状杂质；褐红色，微透明，暗色及白色斑点或斑块杂质明显；淡红、浅粉色，呈微透明状，暗色及白色斑点或斑块杂质明显。

黄密玉：以黄色为主色调的密玉，依颜色深浅分为杏黄、姜黄、米黄。其中杏黄色微透明，放大镜下可见微量杂质，质地细腻；姜黄色微透明，肉眼可见微量杂质和石英颗粒；米黄色微透明至半透明，肉眼可见明显的暗色及白色斑点或斑块状杂质。

紫密玉：以紫色为主色调的密玉，按明度可分为深紫、浅紫。其中深紫为暗紫色，微透明，可见水线或石斑及石英颗粒；浅紫为灰紫色，微透明，可见白色石纹，或石斑及石英颗粒。

青密玉：以青色为主色调的密玉，常带青、灰色调，分别为豆青、淡青、灰青。其中豆青色颜色分布不均匀，微透明，肉眼可见明显的暗色及白色斑点或斑块状杂质；淡青色呈微透明状，肉眼可见明显的暗色及白色斑点或斑块状杂质；灰青色呈微透明状，肉眼可见明显的暗色及白色斑点，或斑块状杂质。

黑密玉：以黑色为主色调的密玉，按明度分为墨黑、灰黑，呈不透明状，质地细腻光洁。

长：13 cm　宽：20 cm　高：28 cm　　　　　　　　　　　　　　**紫密玉（梅花提梁壶　王玉坤）**

多色密玉：指密玉原料或产品同时具有两种或多种颜色，便称为多色密玉。

等级

特级：指翠绿色密玉，颜色明亮均匀，无色带或色斑。呈微透明状，质地细腻致密，放大镜下难见矿物颗粒，但可见微量暗色或白色矿物包体等斑点。无红、黑筋及水线，无绺裂瑕疵。

一级：指密玉颜色为草绿、乳白、枣红、杏黄、墨黑等。色体均匀，偶见色带或色斑，呈微透明状。墨黑密玉则不透明，质地较细腻，放大镜下可见矿物颗粒，肉眼可见少量暗色或白色矿物包体等杂质及红、黑筋、水线，有少量绺裂。

二级：指密玉颜色为豆绿、黄白、褐红、姜黄、豆青等。色体较均匀，可见色带或色斑，呈微透明状，局部结构粗糙，肉眼可见晶体颗粒，暗色或白色矿物包体等杂质较明显，可见红、黑筋及水线，有少量绺裂，不具贯通性。

三级：指密玉颜色为淡绿、灰白、米黄、灰青、灰黑、深紫、淡红、浅紫、淡青等。颜色浅淡或灰暗，整体较均匀，色带或色斑明显，呈微透明状。灰黑密玉不透明，结构粗糙，晶体颗粒明显，杂质较多，筋及水线明显，绺裂较多。

鸡血玉

鸡血玉为朱砂，即硫化汞渗透到高岭石、地开石之中而形成。主要化学成分是二氧化硅，并含铁、镁、钙、钛、锰、铝等微量元素。矿物成分以石英和赤铁矿为主，有少量褐铁矿、绢云母、绿泥石、金红石、白钛石等共生矿物。鸡血玉产自低温热液矿床、火山岩或热泉沉积矿的朱砂条带的头尾及边缘地带，产量相当有限。

鸡血玉的产地在浙江省临安县上溪乡玉岩山，矿洞分布在康山岭一带。还有广西桂林也出产很多优质鸡血玉。不同产地的鸡血玉，其矿物成分也有所不同。鸡血玉由"地"和"血"两部分组成，血的矿物成分主要是辰砂，地的矿物成分各地多有不同，如昌化鸡血玉。地的矿物成分以黏土矿物中的地开石为主，也含有相当量的高岭石、明矾石、埃洛石、石英、黄铁矿等。巴林鸡血玉主要是高岭石和硬水铝石，而质地较为细腻的黑冻鸡血玉和芙蓉冻鸡血玉的主要矿物成分为地开石和辰砂。

桂林鸡血玉不同于其他产地的鸡血玉，曾用名桂林鸡血石、桂林红碧玉等。产于桂林市所辖的龙胜各族自治县，是古地质板块缝合带深海底火山喷发产物，形成年代距今约 10 亿年。是以鸡血红为主色调的碧玉岩，是一个新的玉种。2012 年国土资源部正式定名为"桂林鸡血玉"，2017 年国家标准化管理委员会将鸡血玉归为石英质玉。

贵妃料

桂林鸡血玉与普通意义上的鸡血玉有着本质的不同。它的综合矿物成分以红碧玉石英为主，并含部分高价铁和低价铁。是富含硅铁质的变质火山岩，以二氧化硅为主，含三氧化二铁、锰、锌、铝等多种金属矿物的集合体，其中红色部分

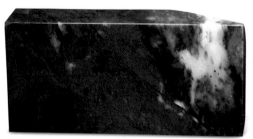

大地料

主要含铁，不含硫化汞，硬度为 6.5~7。由于硅质矿物硬度大，质硬而坚韧，性质稳定，所以不易风化，不易磨损，也不怕酸碱侵蚀、风吹日晒，不褪色，质地优良。桂林鸡血玉主要是隐晶质结构及显微晶质结构，玉质细密滋润而细腻，呈玻璃光泽。

　　桂林鸡血玉颜色分为鸡血红色、紫红色、浅红色、褐红色、枣红色、棕红色等。主色之外还有不同的底色，如全红带金黄、纯黑、白色。其主色与底色间搭配极佳，颜色图纹丰富多彩，鲜艳夺目。虽然颜色与其他产地的鸡血玉或鸡血石较为接近，但桂林鸡血玉的成色原因却与鸡血石完全不同。其红色的形成不是辰砂，而是特别稳定的铁离子。除颜色外，桂林鸡血玉在硬度上也与鸡血石差异较大，而昌化和巴林等地出产的鸡血玉，也被称为鸡血石，则是因为它们的硬度只有 2.8。

黑地红料

台山玉

台山玉产于广东省台山市，属于石英质玉的一种。主要形成于海滨地带，含古滨海地带，次生环境有别于其他玉石，观感上也与其他一些石英质玉有一定的差异，是一种被重新发现的新玉种。台山玉的主要矿物成分是隐晶质石英，还含有绢云母、伊利石、绿泥石和少量铁、锰、锡等矿物，其中绢云母和伊利石在里面起着关键的作用。色彩丰富，有红、白、黄、桔、棕、黑、青、灰等颜色。质地温润柔滑，微透明至透明，蜡状至油脂光泽，硬度5~6.5，韧性强，可与和田玉相媲美。

台山玉料

由于台山还盛产各种各样的黄蜡石，所以台山玉常与黄蜡石相混淆。但黄蜡石二氧化硅含量高，硬度也高于台山玉，且结晶较粗，多数呈现晶质结构，并带有大量杂质和条带状石英肌理，质地不够细腻纯净。而台山玉温润细腻，色厚凝重，玉质有油腻的感觉。

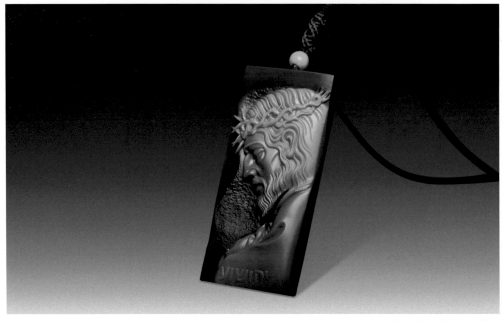

长：3.6 cm　宽：1.3 cm　高：8.3 cm

台山玉（神话人物　王伟）

东陵玉

　　东陵玉，学名砂金石，亦称海洋石或东陵石。在地质学上称含铬云母石英岩，是水晶家族的成员，产自新疆阿克苏，矿产量最大的在印度，故又名"印度玉"。其内含物通常会有微晶粒、黄铁矿等。东陵玉目前有绿色及红色两种，大多不透明，偶尔部分有点半透明，硬度5，与水晶差不多，主要成分二氧化硅，属石英岩。无固定形状，通常有绿、黄、粉、红、白、蓝等颜色，绿色最为常见，碧绿、翠绿色者为上品。石英矿原为无色及纯白色，在漫长的形成过程中，由于包容了其他的物质和微量元素，其呈现出一系列诱人的颜色和特殊的光学现象，为人们所喜爱。现如今把地壳里一切色泽艳丽、质地致密坚韧的石英岩或次生石英统称为东陵玉。西班牙、苏联、巴西、智利、美国等也有东陵玉发现，中国在新疆发现的东陵玉，当地称之为"新疆东陵玉"。

东陵玉

　　东菱玉为一种具砂金效应的石英岩，颜色因所含杂质矿物不同而不同。含铬云母者呈现绿色，称为绿色东陵玉；含蓝线石者呈蓝色，称为蓝色东陵玉；含锂云母者呈紫色，称为紫色东陵玉。我国新疆产的绿色东陵玉内含绿色纤维状阳起石。总体来看，东陵玉的石英颗粒比较粗，其内所含的片状矿物相对较大，在阳光下片状矿物可呈现一种闪闪发光的砂金效应。东陵玉微透明，玻璃光泽，有云母晶片的反光、性脆、断口参差状。

　　东陵玉按颜色可分为四种，即绿色东陵玉、蓝色东陵玉、红色东陵玉和紫色东陵玉。这是由于含有不同成分的杂质而呈现的不同颜色。

金丝玉

金丝玉是产于新疆的一种彩玉，主要裸露分布于克拉玛依等地区，其中以克拉玛依"魔鬼城"以西地区戈壁滩出产的最为著名。在"魔鬼城"周围方圆 100 公里内的金丝玉，其品质最佳，产量最小。金丝玉属于石英岩质玉石，由隐晶质石英及少量云母、绢云母、绿泥石、褐铁矿等矿物组成的集合体。其色彩丰富，其中红色金丝玉与南红玛瑙非常相似。2016 年，金丝玉正式通过国家规定的玉石标准，并有了一个学术名称"石英岩玉"。

在上亿年的时光中，金丝玉在骤冷骤热的戈壁滩上接受着天地岁月的洗礼，最终成长为非常稳定和优秀的玉石品种。它色彩多样，质地细密，硬度 6.8~7.2，微透明或半透明。优质金丝玉还有宝石光泽。金丝玉主要呈块状结构，其内部有着特殊的条纹，条纹仅存于内部，就像切开的萝卜一样，分布着如同萝卜纹理一样的线条，被称为萝卜纹。萝卜纹是金丝玉的独有特征，除极品材料宝石光外，几乎所有大块料都或多或少带有萝卜纹或石花。一般来说，那些颜色不自然，色泽均匀，又无萝卜纹或石花特征显现的，多是染色的石英岩。

红金丝玉（如意牌 孙永）

长：2.8 cm　高：3.4 cm

白金丝玉挂件

长：1.8 cm　高：2.3 cm

金膏玉

金膏玉与紫绿玛瑙同生于陕西秦岭一带，属于蚀变白云岩玉。火山热液交代蚀变白云岩，形成黄色蚀变白云岩、细晶大理岩化白云岩。金膏玉以黄色色度不同可分米黄、金黄两个色系。主要产于火山岩顶底板围岩，少量产于火山岩内钙泥质夹层，多为紫绿玛瑙夹层。所以金膏玉与紫绿玛瑙互为共生关系，拥有基本相同的产地，但这两个玉种的形成方式却不尽相同。形成金膏玉的原岩应早于紫绿玛瑙，原岩为碳酸盐岩，与后期侵入的中酸性热液发生交代变质作用，从而形成富含硅质成分的金膏玉。

金膏玉属于隐晶质结构，是碳酸盐类矿物集合体形成的玉石，主要矿物成分为方解石、白云石等，另外还含有锶、钛、铬、锰、锌等微量元素。金膏玉硬度6，纹理清晰整齐，密度大，质地细腻油润，色泽亮丽。金膏玉内外颜色深浅不同，刨开越深，颜色就越艳。按颜色深浅依次有深棕黄、淡橙黄、瓷黄、鸡油黄、米黄、象牙白、灰白等，这是金膏玉的一个明显特征。

金膏玉有两个色系和七种颜色，其中黄色系分为明黄、锦黄、米黄、浅黄四种颜色；白色系分为象牙白、瓷白、乳白三种颜色。明黄色金膏玉颜色最为浓重，锦黄稍显靓丽，黄色度稍浅，但透明度稍强，其他黄色色度次之。

金膏玉料

桃花玉

　　桃花玉，也称桃花石。学名蔷薇辉石，是一种石英岩质玉，产于北京昌平、青海省祁连山一带。桃花玉质地和硬度极似翡翠，又称粉色的翠。微透明，呈玻璃光泽。石中含多种金属矿物成分，同一石上呈现互不渗透的不同颜色或互相渗透的混合颜色。经加工抛光，呈鲜艳的桃红色并间杂黑色的纹饰。

　　桃花玉为原矿状分布，开采后其切开面呈黑色、绿色、淡蓝色等线条有机组合。纹理清晰，画面组合协调，色美质丽，可与彩玉石媲美，颇具观赏价值。目前市场上所说的桃花玉，大都产于青海省祁连山一带。

长：25 cm　宽：12 cm　高：15 cm

桃花玉（八爪鱼 范同生）

泰山玉

泰山玉

泰山玉是一种蛇纹岩，属变质超基性岩浆矿床。泰山玉石蕴藏量极少，有"镇山玉""辟邪玉"之称。产于山东省泰安市泰山山麓，为蛇纹石质玉。其致密块状，质地细腻温润，颜色以绿色为主，有碧绿、暗绿、墨黑等色。石中含有黑黄色的斑点，半透明至微透明，油脂蜡状光泽，硬度5.8左右。泰山玉属于无面矿物，含人体所需要的多种化学物质和微量元素，如铁、钠、钾、钴等。

其品种有泰山碧玉、泰山墨玉、泰山翠斑玉。其中泰山墨玉质地细腻，色黑而晶莹，在阳光下呈现墨绿色，切割成片状后，多显出各种透明或半透明的图案，很有欣赏价值；泰山碧玉质地晶莹，绿如夏荷，具暗绿、深绿、墨绿等色，尤以鲜绿为佳；泰山翠斑玉，又名白云玉，色洁如雪，间有浅绿纹路。

西峡玉

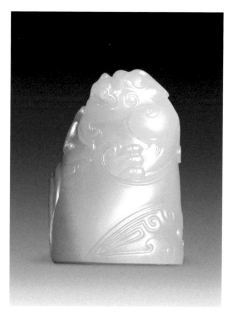

西峡玉

西峡玉是一种蚀变超基性岩，产于河南省西峡县。西峡玉主要矿物成分中蛇纹石占80%～95%，其次为磁铁矿、透闪石、阳起石及少量方解石。质地细腻，致密坚硬，摩氏硬度5~6，微透明至半透明，乳白色，油脂光泽或玻璃光泽。块度大，裂纹少。玉石外有黄色、褐色、红色的石皮。

西峡玉的颜色多呈乳白色，看上去略有发灰，与和田玉相比，缺少油润性，显得较为干涩。作为一种质地不错的玉种，西峡玉质地较细腻，通常肉眼难以看到玉花，但可见玉中有呈块状、团状的棉絮。白色的西峡玉虽有点发灰的苍白色，但夹杂的

西峡玉料

其他颜色就比较鲜艳，尤其是黄皮的西峡玉，因其皮色嫩而均匀，常常有可能与和田籽料相混淆。

大多数西峡玉透光性差，有一种沉闷感。比较之下，当和田玉透光观察时感觉较明亮，但却不透明。这是由于和田玉的内部结构比较特殊，光线在玉内发生了漫射。西峡玉表面虽然很细腻，但在放大镜下观察，就会发现有细小凹陷的麻点，这就是西峡玉有别于和田玉的一大特点。因为和田玉既有凹陷又有凸起，有时还可看到手工打磨遗留下来的顺着某一方向的纹路。

水沫玉

特征

水沫玉俗称"水沫子"，是翡翠的伴生矿物，与翡翠一样历史悠久。水沫玉有晶莹剔透的属性，原矿内多有微小气泡，很像泛起的水花。而产区当地人把水花称之为"沫子"，故此得名。水沫玉的主要矿物成分为钠长石，国家标准名称为钠长石玉，其矿物成分钠长石占90%，次要矿物有硬玉、绿辉石、绿帘石、阳起石和绿泥石等。大多呈透明和半透明，微透明的较少。根据质地分为玻璃种、冰种、糯种等。水沫玉是一种水头很好的冰种玉石，颜色总体为白色或灰白色。具有较少的白斑和色带，分布不均匀，带有色调偏蓝的色带者称为"水底飘蓝花"，硬度6，玻璃光泽，粒状多晶体结构。

产地

钠长石玉的矿物成分是钠长石，它是长石矿物的一员。长石族矿物分为两大亚种，即钾钠长石亚种与长石亚种。钠长石玉属于钾长石亚种。在地球上，长石族矿物广泛存在于各种类型的岩石中，约占地球各种岩石总量的50%，是岩浆岩与变质岩中较常见的造岩矿物。长

水沫玉手镯

石族矿物颜色较浅，常见为白色、灰白色、肉红色等。虽然长石族矿物在地球上分布极广，且长石族矿物中多见宝石、月光石、天河石、日光石等。但是作为玉石产出，其仅见于缅甸翡翠矿区，因与翡翠共生，作为翡翠的围岩产出，可见水沫玉的珍贵。

分类

　　水沫玉的一些特征与翡翠较为相似，所以对水沫玉质地的描述引入了翡翠种的概念，按质地分为玻璃种、冰种、糯种。

　　玻璃种：晶粒极细，肉眼不可见，透明度高，接近玻璃一样清澈透明。透过成品可见物体清晰影像，表面光感强，多起光、起胶及显刚性。

　　冰种：晶粒细微，晶莹明亮。虽然也是全透明，但透过成品可见物体模糊影像，光感稍差。个别有起光现象，基本不起胶，不显刚性。

　　糯种：晶粒细小、显粗，大多是半透明或不透明，混沌不透亮，又似米汤凝滞。

　　将水沫玉当作是狭义翡翠的一个变种，这是一个错误的概念。水沫玉虽与翡翠共生，但和翡翠绝对是两个完全不同的矿物。钠长石玉是长石簇，而翡翠是辉石簇。这两类无论矿物成分还是物化结构都毫无关系。只不过水沫玉中包裹着辉石类矿物，虽然其外形酷似冰种翡翠或"飘蓝花"翡翠，但却并不能说它是翡翠的一个变种。由于水沫玉酷似翡翠但却不是翡翠，长久以来在市场上被认为是翡翠假货的代名词，但这也是一个误区。实际上优质的水沫玉非常漂亮，价格也很贵，作为一个玉石品种也是非常难得的，其同样具有收藏价值。

阿富汗玉

阿富汗玉是一种变质岩，学名方解石玉，又称碳酸盐质玉。由碳酸盐岩经区域变质作用或接触变质作用形成。它主要由方解石和白云石组成，此外含有硅灰石、滑石、透闪石、透辉石、斜长石、石英、方镁石等。具粒状变晶构造，块状（有时为条带状）结构，摩氏硬度4~5。阿富汗玉通常是指一种彩色碳酸盐玉石的总称，行业内简称"阿料"，是一种比较常见的玉料。

阿富汗玉产自欧亚大陆的大山之中，那里的玉石自然袒露在山体之外，蒙受亿万年烈日的曝晒，却不失其水分和光泽，反而色如凝脂，油脂光泽，精光内蕴，厚质温润。真正的阿富汗玉产自阿尔卑斯山脉，但现在市场上的阿富汗玉大多却产自土耳其和伊朗。阿富汗玉主要成分是碳酸盐，但并非所有碳酸盐质玉都是阿富汗玉。汉白玉和大理岩虽然也含碳酸盐，但和阿富汗玉有着本质的区别。

市场上有把汉白玉和大理石当成低档的阿富汗玉，虽然两者在鉴定上主要成分都是碳酸盐质玉，但是无论品质还是价值，它们都是截然不同的。两者最明显的区别就在油润度和透明度上。大理石的成分和阿富汗玉再怎么相似，其成色却是始终无法与阿富汗玉相比拟的。就好比钻石和石墨，主要成分都是碳，但性质和价值却是天壤之别。

阿富汗玉瓶

京白玉

京白玉是一种质地细腻、光泽油润的白色石英岩。由于最早在北京西部郊区开采，故取名京白玉，后在全国多处发现，分布极广。京白玉在矿物学上属于石英岩质玉，其特点是石英颗粒细小，玉质纯白均一。由于京白玉质白且润，产地分布广，产量大，也常用于玉饰品制作的原材料，但其市场价值低廉。

京白玉的石英含量在 95% 以上，颜色均一，一般为纯白色，有时带有微蓝、微绿或灰色色调，无杂质，微透明。优质的京白玉，经抛光后洁白晶莹，但不够滋润，且性脆，缺乏韧性。京白玉玉质较纯，通体质白，无杂色，以纯白、闪蓝、闪绿色为优，其中以脂白为上。另外，它的结构呈粒状，晶粒越小越细腻，结构特征也就越不明显。硬度6，性脆，易打出断口，断口呈玻璃碴状。其质感通透，触感凉滑细腻，玻璃光泽，在原料边缘局部或成品加工处，强光下能见到细小的石英状耀斑。京白玉在选择时要注意鬃眼，所谓鬃眼，是指石英晶粒结构不紧密或有其他软质矿物的表现。当鬃眼大到肉眼可见的程度，京白玉的使用价值就很小了。所以京白玉以脂白、无鬃眼的为最佳。

京白玉虽与和田玉相似，且很多时候，市场上会出现把京白玉混在和田玉中一起销售的情况。但这还是很容易区分的。因为京白玉远不及和田玉润泽，且表面为玻璃光泽，而和田玉呈油脂状，触手温润，手感略沉。

京白玉挂件

巴山玉

巴山玉又称八三玉，是 1983 年在缅甸一处无名矿山首次发现的一个新玉种，并由此得名。巴山玉是翡翠的一种伴生矿物质，其结构特性与翡翠完全不同的。巴山玉原石是一种晶料粗大、结构疏松，水干、底差的"砖头料"，但其颜色比较丰富，有淡紫、浅绿、绿或蓝灰色等。是一种含有闪石、钠长石等矿物的特殊玉石，品级较低。巴山玉生长在翡翠矿体的边缘，它的钠长石含量较高，是矿物中有大量的二氧化硅的情况下生成的，所以其主要成分是硬玉，但相对密度、硬度、韧度等性能则远不如真正的缅甸翡翠。

巴山玉的矿物组成较简单，主要矿物为硬玉，其次是少量辉石族矿物和闪石族矿物。巴山玉由于结构上的原因，原石不能直接用作玉雕制作的原料，故材料成品均需经优化处理。经优化处理后的巴山玉在结构、颜色、透明度、硬度、光泽等方面都会发生变化。

由于巴山玉具有中粒和粗粒结构的特征，便于进行化学处理，且其透明度较差，又很需要通过处理的手段以增加透明度，故市场上所见巴山玉的玉器成品中，约有 95% 以上都是经过优化处理的。

巴山玉手镯

翡翠

翡翠是以硬玉矿物为主，并伴有角闪石、钠长石、透辉石、磁铁矿和绿泥石等的矿物集合体，还含有一种以前认为只有在月球上才能形成的纳（陨）铬辉石。不同质量的翡翠，其矿物含量是存在差别的。翡翠属于硬玉，但并不等于硬玉。硬玉是一种矿物学概念，翡翠是一种岩石学概念。

特征

翡翠由硬玉组成，其化学成分中的铬元素和铁元素是翡翠致色的基本元素。翡翠有各种颜色,除绿色外,还有淡紫、白、黑、褐红和黄色等，并呈玻璃光泽。因比重大于其他类似玉石，所以在手上有坠重感。

翡翠的主要矿物硬玉有两种完全解理,一种是在翡翠表面上呈现有星点状闪光的现象，也称翠性。这是光从硬玉解理面上反射的结果，是翡翠与其他类玉石区别的重要特征。翡翠硬度在 6.5~7,颜色变化大,有白、绿、紫、红、紫红、橙、黄、褐、黑等色,其中最著名的是绿色,其次是紫蓝和红色等。绿色,称为翠,由浅至深分为浅绿、绿、深绿、墨绿,以绿为最佳,深绿次之。当翡翠中含铬元素时,其呈现诱人的绿色,翡翠中含铁元素时,其呈发暗的绿色。紫色也称紫翠,分为浅紫、粉紫、蓝紫、茄紫等色。翡翠呈紫色是其含微量元素锰元素所致。黄色和红色是次生颜色,翡翠原石遭风化淋滤后,二价铁离子变成三价铁离子会产生鲜艳的红色,称为翡。

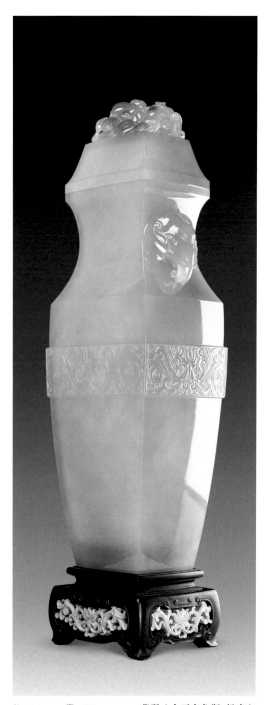

长：12 cm　高：37 cm　　**翡翠（太平有象瓶 杨光）**

翡翠一般为半透明至不透明，极少为透明。翡翠的透明度称"水"或"水头"，透明度越高，水头越足，价值就越高。翡翠一般为玻璃光泽，也显油脂光泽，光泽表现也受抛光程度的影响。天然翡翠绝大多数无荧光，但少数绿色翡翠有微弱的绿色荧光。白色翡翠中含有长石，经高岭石化后可显弱是蓝色荧光。

老种翡翠手镯

翡翠的结构是指矿物结晶的程度、颗粒的大小、晶体的形态及它们之间的相互关系，此结构决定了翡翠的质地、透明度和光泽等。翡翠的结构很复杂，主要有变晶结构、交代结构和碎裂结构。翡翠的主要组成矿物是硬玉为主的辉石类矿物，次要组成矿物有闪石和长石类矿物，还有绿泥石、高岭石、蛇纹石、褐铁矿等蚀变次生风化矿物。由于所含主要矿物成分不同，所以导致翡翠包含了不同的品种。比如各类高档翡翠，即属硬玉质翡翠；呈深绿色至墨绿色，透明度差的翡翠，即是含绿辉石翡翠；呈翠绿色、深翠绿色和墨绿色、透明度差的翡翠，便是含钠铬辉石翡翠；另外闪石类翡翠也是以硬玉为主，但经后期热液蚀变，部分硬玉矿物转变成了阳起石或透闪石。

老种翡翠挂件

产地

目前市场上优质翡翠大多来自缅甸雾露河（江）流域第四纪和第三纪砾岩层次生翡翠矿床中，它们主要分布在缅甸北部山地。缅甸雾露（又作乌尤，乌龙、乌鲁）河流域有最著名的翡翠原生矿，分别是度冒、缅冒、潘冒和南奈冒。原生矿翡翠岩主要是白色和分散有各种绿色色调及褐黄、浅紫色的硬玉岩组成，除硬玉矿物外还有透辉石、角闪石、霓石及钠长石等矿物，但达到宝石级的绿色翡翠很少。除了缅甸出产翡翠外，世界上出产翡翠的国家还有危地马拉、日本、美国、哈萨克斯坦、墨西哥和哥伦比亚。这些国家的翡翠达到宝石级的极少，大多为一些雕刻级的工艺原料。市场上商业品级的翡翠玉石95%以上来自缅甸，因而翡翠又称为缅甸玉。

分类

由于成因、地质环境、原生与次生等方面的不同，翡翠原石被划分成几种基本类型。按矿床类型来看，翡翠被约定俗成地分为老种石、新种石、嫩种石、变种石四个大类：

老种石：老种翡翠成矿年代早，块体饱满，沙发明显，雾层均匀，底质细密，颜色鲜明，多出于冲积矿床或坡积矿床。老种石的形成经过外动力的风化、剥蚀、搬运、分选等，将原石中粗糙、松散、透光性差的结构磨蚀分解殆尽，从而留下了质地细腻、透明度好、硬度高、绺裂少的高质量翡翠原石。老种石的成分稳定，结构严密，不但硬度高，比重足，发育完善。而且杂质矿物稀少，颗粒排列有序，具备了正宗翡翠的品质，表现出翡翠作为宝石所应有的全部优点。

新种石：新种翡翠指粒度为中粗粒晶质、杂质多、绺裂多、透明度低、比重小、韧性差的翡翠，是开采原生矿的新场、新矿所产的典型原石，俗称新坑种、新坑玉等。新种石没有经过风化过程，因而没有皮壳，也没有雾层，这是新种翡翠的基本特征。

嫩种石：嫩种石又称新老种，是原生向次生过渡的特殊产物，介于新种石和老种石之间，即风化剥蚀后残留在坡积物中的翡翠原料。其块体有沙壳，也有水壳，有些有雾层，因风化不足，皮壳厚薄不均匀，沙粒凌乱无力，故受土壤颜色的浸染比较明显。嫩种最大的缺陷是颜色极不稳定，经切割磨制后，颜色容易变淡，且光洁度较低。

变种石：变种是一切自然矿物都会发生的正常现象。从成因上看，许多可以形成翡翠的块体，在变质、交代的过渡阶段，因地质作用发生了异变，而不能成为正宗翡翠。变种翡翠在外形上有翡翠的特征，使人难以辨别。变种翡翠表现多为场口不明、种和底难以分辨、皮肉不分、结构疏松，硬度低、比重小、水短、色邪、易碎裂等。绝大部分变种石都不能进行切割和制作，基本上没有价值。近年来，因正宗翡翠玉料短缺，许多变种石被制成工艺品流入市场，冒充正宗的翡翠。

品质

翡翠的品质除了有种、水、色三方面因素，还有底和翠性等综合因素。

翡翠的种：种的概念有点复杂，在不同场合所指的内容也有很大差别，主要有三种含义，一是指矿床类型，如"老种""新种""嫩种"，在这个意义上直接指明了翡翠品质的高下；二是指透明度，透明度高则种好，反之则种差；三是指颜色与透明度的关系。但无论哪种含义，种指的都是翡翠的结构。比如变结晶结构中硬玉矿物粒度越细，翡翠的种就越老，透明度就越好。如果粒度大小与排列程度均匀有序，就是种老水好，表现在翡翠上的绿色就会有灵气。如果粒度大小悬殊，翡翠的质地就会疏松、透明度差，所谓种新。

种的高下分布有一定的规律，如翡翠中的玻璃底、糯化底、冰底的都是老种；翡翠中润细底、润瓷底、石灰底、灰底及狗屎底的，大多为新种或新老种，但也有部分为老种；而绿色很纯的翡翠为老种，不过豆种除外，因其虽绿色鲜艳，但颗粒粗大疏松；紫色、紫红色翡翠一般为新老种，业内有"十紫九木"之说，即紫色翡翠中绝大多数乃种新水短。

翡翠的水：水指翡翠的透明度，即透光能力，是光经过翡翠表面反射和内部折射产生的效果，烘托着翡翠内部的美感。高档翡翠宝光生姿，就是因其高透明度。透明度一般分为透明、亚透明、半透明、微透明及不透明，而透明度是评价翡翠的重要指标之一。所以水的好坏，直接影响到种的优劣。而影响翡翠透明度的因素有：翡翠的内部结构、晶质类型、颜色、厚度、杂质元素和杂质矿物，其影响表现各不相同。

因为影响翡翠透明度的许多因素无法改变，所以要改善翡翠的透明度，就只能在制作过程中除去翡翠内部的杂质和包裹体，或者调节厚度来提高翡翠的透明度。

翡翠的色：色就是翡翠的颜色。颜色是光照条件下最直观、最醒目、最重要的物理性质，也是翡翠魅力的首要来源。翡翠颜色丰富多彩，而绿色是其最重要的颜色，所谓"色差一等，价差十倍"就是指不同的绿色，体现着翡翠不同的价值。所以准确判断各种色调，以及精确认定绿色调的正、邪、浓、淡，是评估翡翠品质的基本技能。而影响绿色色调的因素有杂质、种、水、裂隙、厚薄、视觉因素、光线、心理因素等。

翡翠的底：种和底是翡翠不可分割的两个概念，对某一块翡翠来说，可能既有底，又有种。这个底是指颜色较浅的基底部分，而种是指颜色较深的颜色部分。所以，底是指翡翠的纯净度以及与水、色彩之间的协调程度，也包括种、水、色之间相互映衬的关系。底好必须满足几个条件，首先，翠与翠之外的部分要协调，若翠好，其他部分水差、杂质、绺裂、脏色多，那就是"色好底差"；其次，水和种要协调，如果种、色和水都好，且杂质、裂纹、脏色少，相互衬托，才能强烈映衬出翡翠的润亮及价值。另外，底的结构要细腻、色调要均匀、瑕疵越少越好。所以，只有种、水、色、度都好，才能称得上好底。

翡翠的底从好到差可分为：玻璃底、糯化底、糯玻底、糯冰底、冰底、润细底、润瓷底、石灰底、灰底及狗屎底等，水差的翡翠则称"底干"。

翡翠的翠性：翠性指翡翠晶体解理面的反光，是翡翠的主要标志之一。翠性大小说明翡翠颗粒的粗细，当翡翠的平均粒度小到肉眼观察不到时，则翡翠种、水都较好。而当平均粒度在肉眼可明显观察到的程度，且透明度差，一般来说就是新种或新老种翡翠。翠性俗称"苍蝇翅"，指解理面在光线照射下出现的一个个犹如苍蝇翅膀般的亮白色反光小面的特征。但并非所有翡翠制品都有"苍蝇翅"，只有在某些表面变化大、难以抛光的成品中才能看见。那些手镯、戒面等容易抛光的成品，则难以见到。所以，尽管"苍蝇翅"现象是作为翡翠真假鉴别的重要标志之一，但却并非是其唯一标志。

常见品种

老坑种翡翠：特点为质地细腻、纯净无瑕。鉴别时若仅凭肉眼是极难见到翠性的。其颜色为纯正、明亮、浓郁、均匀的翠绿色，透明度非常好，具有玻璃光泽，呈半透明至透明状。若透明度较高，可称"老坑玻璃种"，是翡翠中最高档的品种，比如传说中的帝王玉。帝王玉翡翠一般呈脉状分布于翡翠原石中，产量极稀少，价格相当昂贵，市场上以克拉计价，其价格是新种翡翠的万倍以上。自16世纪以来，清王朝皇室专用的翡翠原料，即来自缅甸帕敢老场区所产的老坑种料，由于产量太少，几近绝矿，鲜得一见。传世至今的某些大清皇室特级翡翠制品，因其颜色、质地、透明度、光泽、底等物理性能和工艺、净度、绺裂等各项指标完美无缺，以至于遭到被市场质疑的难堪。由此可见，这些具有特殊人文历史背景的老坑种翡翠，不但是稀世珍宝，鲜为人知，更是极难得见。

老坑种翡翠手镯

帝王绿翡翠

玻璃种翡翠：玻璃种是最好的翡翠品种，其特点为结构细腻、粒度均匀、光泽极佳、完全透明。其组成部分单一，无杂质或其他包裹物，如玻璃一样均匀。玻璃种韧性很强，敲击时音质清脆。质地和老坑种翡翠相近，但老坑种有色，玻璃种一般无色或飘蓝花。玻璃种带翠色的翡翠很罕见，如果带色，则浓艳夺目，色正不邪，色阳悦目，色调均匀，是翡翠中的极品，实属罕见。

冰种翡翠：冰种翡翠仅次于玻璃种，水头佳，有种无色。质地与玻璃种相似，透明度略低，外层光泽很好，呈半透明至亚透明状，常含点状或小块状白棉。与玻璃种不同的是，冰种翡翠只有三分温润，却有七分冰冷。质量最好，透明度最高的冰种翡翠，被称为"高冰种"。虽然冰种不如玻璃种珍贵，但市场上真正的冰种翡翠其实很少，很多都是被人鱼目混珠滥称"冰种"的。

冰种翡翠

水种翡翠：水种翡翠也有玻璃光泽，且透明如水，与玻璃种相似，但有少许水的掩映波纹，或者有少量绺裂，或含有其他不纯物质，可算作质量稍差的玻璃种，也属上品，价格较贵。水种的质地较老坑种略粗，光泽、透明度也略低于老坑种或玻璃种，与冰种相当。水种翡翠常见的有四种，无色的叫"清水"，有浅而匀的绿色叫"绿水"，有匀而淡的蓝色叫"蓝水"，有浅而匀的紫色叫"紫水"。价值以清水、紫水为优，绿水、蓝水次之。

糯化种翡翠：糯化种翡翠的透明度比冰种略低，像浑浊的糯米汤，属半透明状，又分为糯冰种和糯米种。区分玻璃种、冰种、糯化种翡翠的简单方法，是将同样厚度的翡翠放在有文字的印刷品上，透过翡翠能清楚辩字的是玻璃种，能看清轮廓无法认字的是冰种，而只能看到字却看不清轮廓的就是糯化种。糯化种翡翠上若能漂浮些绿、蓝绿等颜色的花，就被称为"水底飘绿花"或"水底飘蓝花"，价值也较高。

糯化种翡翠

玛瑙种翡翠：玛瑙种的质地光泽与玛瑙相似，呈玻璃光泽，质地细腻纯净，但透明度低于冰种。半透明状，十分温润。玛瑙种翡翠有浓艳的翠绿色、黄色、红色、油青色、蓝水、瓜青色、紫色等，有时会同时具有两三种颜色。

紫色种翡翠

紫色种翡翠：紫色种翡翠是一种特殊的品种。紫色一般比较淡，业内称为"椿"。紫色翡翠因产量少，比较名贵。常见的有淡紫罗兰、紫罗兰、茄紫色、粉红色、彩粉色等。紫色翡翠价值从高到低依次为：冰种满红椿色翡翠、玛瑙种满红椿色翡翠、藕粉种茄紫色翡翠、藕粉种紫罗兰翡翠、豆种淡紫罗兰翡翠。

椿带翠翡翠：以紫色为底，带有翠绿色，或紫色、绿色大致相等的翡翠，通常被称为"椿带绿"，以紫和绿对比鲜明者为最佳。

椿带翠翡翠

白底青翡翠：白底青是常见的翡翠品种，品质一般，常有细小的绺裂分布。属于中档翡翠。

红翡和黄翡：红色和黄色翡翠在业内被称为翡。翡色主要分布在翡翠毛料的皮壳之下或裂隙附近。红翡指颜色鲜红或橙红的翡翠，有糖红色、棕红色、褐红色、橙红色等，透明度和质地的变化较大。其中档次较低的是豆底褐红色，档次较高的是冰种橙红色或冰种糖红色。红翡多数属于中档或中低档，但满红、鲜艳、透明度好、质地细腻、颜色均匀的高档红翡则十分稀有，价值极高。

黄翡是颜色从黄到棕黄或褐黄的翡翠，透明度较低，透明度和质地的变化也较大。其中，档次较低的为豆底黄色，档次最高的是冰种橙黄色或冰种纯黄色。如果黄翡颜色均匀、质地细腻、透明度好、纯净满色，则同样是珍宝，价值极高。

豆种翡翠：豆种是极常见的翡翠品种，且变化大，类别多，市场上90%以上的翡翠都属豆种，所谓"十翠九豆"。豆种翡翠多呈绿色或青色，颜色清淡，绿为豆绿，青为豆青，质地粗疏，透明度不高。依质地的粗细和颜色的不同又可分为猫豆种、油豆种、细豆种、豆青种、冰豆种、糖豆种等。豆种翡翠价格适中，很受欢迎，在相关市场份额中占据了大部分领域。

油青翡翠：油青翡翠非常常见，总体上是指具有油感，颜色表现为灰绿或暗绿色的翡翠。油是指其比一般翡翠润泽透明一些，青是指深绿色、暗绿色。油青色又分原生油青色和次生油青色。原生油青色是翡翠自身绿辉石矿物的颜色，具有整体感，色根明显，不会变化。次生油青色是指在黑乌砂等毛料的表皮附近、裂隙周边出现的灰绿色、暗绿色和蓝绿色，称为绿雾。次生油青色不是翡翠主体的颜色，而是外来物浸染形成的。通常原生油青种的价值高于次生油青种。

红翡　　　　　　　　黄翡　　　　　　　豆种翡翠　　　　　　油青翡翠

墨翠：墨翠就是指黑色翡翠，是近几年市场追捧的热门品种。墨翠常见，但易被误认为是软玉中的墨玉。主要矿物成分为绿辉石，质地从细到较粗，微透明至不透明。在正常光源下看不透明，呈黑色，但在透射光下看，呈半透明状，且黑中透绿。一般来说，墨翠不能算高档翡翠，但好的墨翠也是质地细腻，颜色均匀，呈玻璃光泽，价格不菲。

墨翠

铁龙生：铁龙生是缅甸语"满绿"的意思，是较新的翡翠品种。铁龙生翡翠呈翠绿色，水头差，微透明至不透明，常为满绿。色调深浅不一，结构疏松，是常见品种。

干青种翡翠

干青种翡翠：干青种翡翠的绿色浓且纯正，但透明度较差，底干，玉质较粗，比重较其他翡翠略大。颜色黄绿、深绿至墨绿，有时偏暗发黑，常有裂纹，不透明，光泽弱，敲击原石的声音干涩，因此被称为干青。

蓝花翡翠：蓝花翡翠是较常见品种，价值高低取决于翡翠的种。种好的翡翠，透明度高，蓝花在里面犹如水草，晶莹灵动。由此，玻璃种飘蓝花的翡翠最好，冰种飘蓝花翡翠次之。中低档蓝花翡翠依次为玛瑙种飘蓝花、藕粉种飘蓝花、豆种飘蓝花。

蓝花翡翠

福禄寿翡翠：同时具有三种颜色的翡翠称为福禄寿，最好是绿、红、紫，或绿、黄、紫。福禄寿翡翠十分罕见，因色彩独特，寓意吉祥而价值不菲。

翡翠的货类

翡翠的品种五花八门，市场上将翡翠成品归纳为 A 货、B 货、C 货、D 货及假冒品几大类。

福禄寿翡翠

翡翠 A 货：A 货翡翠指纯天然原材料，拥有天然的质地与色泽。因为颜色是翡翠最直观的特征，辨别 A 货时，就要注意颜色在不同光源下的变化。翡翠颜色在黄色调的柔和灯光下，会显得鲜艳。而在较强的光源，如太阳光和自然光下，内部结构瑕疵就会明显，颜色也会变淡，所以，观察翡翠的颜色必须在自然光下进行。

翡翠 A 货

翡翠 B 货：B 货翡翠在市场上最常见，尤其是一些旅游景点最多。新的国家标准规定，只要是漂白酸洗过的翡翠都可定义为翡翠 B 货。翡翠 B 货也的确是翡翠，有着与 A 货相同或相近的各种物理特质，是用质地较差、档次较低的翡翠经漂白酸洗再充胶而成的。

翡翠 B 货

识别 B 货的方法首要是观察颜色，A 货翡翠的颜色像是从某一特定部位（俗称色根）向外扩散，B 货翡翠的色根不明显，颜色鲜艳且不自然。其次是观察光泽，天然翡翠抛光后呈玻璃光泽，而 B 货翡翠因加入了树脂胶，光泽则为蜡状至玻璃光泽，反光度强，时间长了，会因胶的老化致使颜色变得暗淡、整体干裂甚至断裂。由于处理技术的日渐提高，许多 B 货翡翠光泽的强弱变化也已无法成为鉴别方法，所以还需观察结构。翠性是翡翠的重要特征，B 货因经过处理，内部结构被破坏而变得松散，翠性变得不明显。另外，B 货翡翠比 A 货手感略轻，这是因为酸洗过程中洗掉了部分杂质。一般来说，经过处理的 B 货，因内部注入树胶而具有粉蓝荧光性。天然翡翠多少都含有杂质，但 B 货翡翠颜色纯净，次生色消失，底变得较好。所以 B 货翡翠的表面较干净，无次生杂色。

翡翠 C 货

假冒翡翠

翡翠 C 货：用仪器鉴定翡翠 C 货要比鉴定 B 货相对容易。C 货指染色翡翠，在加工过程中会破坏玉的原有结构，造成很多细微的流纹和绺裂，把假色透过这些绺裂渗透进玉石内部，由于假色是由外向内渗透，所以外表部分颜色较深，内部则较浅。在放大镜下细看，小绺裂处翠色很浓，且呈丝状，并非浑然天成。

翡翠 D 货：镀膜的翡翠就是 D 货，也叫"穿衣翡翠"，市场上并不多见。鉴别时只需用小针在翡翠表面上轻轻一挑，那层膜就会被挑破。

假冒翡翠：假冒翡翠大多以玻璃制成，且多是翡翠玉珠。玻璃假翡翠多藏有明显小气泡，翠色呆滞，比重轻，手感特别轻飘，在光照下也无质感和翠性。近些年人造宝石的工艺日趋完善，品质越来越好，达到足以乱真的境地，出现了一种"脱玻化"玻璃翠玉，就是把特制翠绿玻璃溶于控温水气中慢慢冷却，使非晶质的玻璃变成晶质体，达到酷似具有晶体结构的翡翠效果。假翡翠的颜色鲜艳，质地均一完美，色纹规整，无杂质净度高，以至于透明度过头。这些特征恰恰可以用来鉴别，以区分真假翡翠。

佘太翠

佘太翠是一种新玉种，属于石英岩玉，产自内蒙古巴彦淖尔市乌拉特前旗大佘太地区，是中国玉石种类中的硬玉品种，与翡翠有相似之处。佘太翠矿属浅海相沉积深变质石英岩玉，主要化学成分为二氧化硅。

狭义佘太翠主要指产自乌拉特前旗大佘太镇的玉石矿，有翠绿色、白色、青色三种基本颜色。随着大佘太镇以外新矿的不断发掘和开采，广义佘太翠已经包括了周边山脉同类石英岩玉，有水草佘太翠、紫罗兰佘太翠、冰花佘太翠及阴山雪玉等。

佘太翠含有锌、铁、铜、锰、镁、烙、钛、锂、钙、钾、钠等多种微量元素，所以呈现的色彩纯正、丰富。佘太翠的颜色与国内外其他地区的硬玉相比，色调较多，自成系列，具体来说有白色、青色、翠色等三种基本色调，还有一些过渡色，如青白色、灰白色、豆绿色、墨绿色等。佘太翠硬度 6.9~7.2，不同品种略有区别，通常白玉硬度稍大于翠玉，微透明，呈玻璃光泽。一般来说佘太翠颜色鲜嫩明亮，质地较透明，玻璃光泽强者为上品。

佘太翠料

贵翠

贵翠是一种新玉种，产于贵州晴隆大厂层，是一种石英岩玉。主要矿物成分为石英，呈细晶质、微晶质、隐晶质、显微隐晶质的粒状多晶集合体，外观呈团块状、条带状、皮壳状、钟乳状、树枝状等。除石英含量外，还含有铬云母、锂云母、绢云母、绿泥石、高岭石、褐铁矿、碳质物等矿物，不同矿物的吸附，组成了贵翠丰富多彩的颜色。主要化学成分为二氧化硅，另含钙、铝、镁、钾、钠、铁微量元素。硬度6.5~7，抛光平面呈玻璃光泽，断口呈弱油脂光泽，半透明至不透明。

贵翠因颜色艳丽、玉质温润，硬度与翡翠接近，被称为贵州玉、彩玉，是制作珠宝玉器的高档原料。贵翠颜色丰富，由浅蓝向深蓝过度，优质贵翠颜色为海水蓝，以质地细腻、呈深蓝色为上品。贵翠有蓝绿色、淡绿色、淡蓝色、杏红色等颜色，着水后色泽更鲜艳，致密块状，颜色深浅相间的条带状或花斑状构造。贵翠由地开石演变而成，由于地开石具有质地细腻的特点，成分被二氧化硅硅化后仍然细腻润泽，是其他矿物质硅化后所不能相比的。硅化后的地开石形成细腻的石英质玉石，其色彩可以长期保存，永不变色。

贵翠　　　　　　　　　　　　　　　　　　　　　　　台湾翠

台湾翠

台湾翠，属于石英岩质玉，是一种蓝色石英岩，因产于台湾地区而得名。台湾翠是由粒状石英集合体组成的致密块体，石英含量在90%以上。除主要成分为石英外，还常含有铬云母、绢云母、锂云母、赤铁矿、蓝闪石等矿物。质地纯净时，石英岩为白色，含其他矿物时，依所含矿物的种类、多少，可呈现绿、翠绿、蓝绿、蓝紫、淡紫等不同颜色。

台湾翠的质量从质地、颜色、透明度、杂质、裂纹等方面看，通常以玉质细腻致密且均匀，颜色鲜艳均一，具有一定透明度，砂眼少或肉眼不易发现，杂质、裂纹少者为佳。其中以翠绿色品种最佳，此外颜色纯正的紫色石英岩玉和质地细腻的纯白色英岩玉也是上品。

绿松石

　　绿松石是一种由水、铜和铝的磷酸盐组合而成的矿物，由于产地不同，所含的化学成分也不同，形成的地质结构也就各异，有的呈透明的晶体，有的呈致密的块状，有的呈球形、椭圆形、葡萄形等，千姿百态。总体来说，绿松石的结构形态属于三斜晶系，即地质学上所描述的，该矿物既没有对称轴也没有对称面，形态极不规则。绿松石因所含元素的不同，颜色也有差异，氧化物中含铜时呈蓝色，含铁时呈绿色。多呈天蓝色、淡蓝色、绿蓝色、绿色、带绿的苍白色。颜色均一，光泽柔和，无褐色铁线者质量最好。

产地

　　绿松石产地很多，它的足迹遍布全世界。中国是绿松石的主要产地之一，在湖北十堰产的绿松石尤为著名，十堰的绿松石主要产自下辖的郧县、郧西、竹山三个县，它们被誉为"中国绿松石之乡"。靠近湖北的安徽马鞍山也出产绿松石，但产量与湖北不能相比。美国的绿

长：15 cm　高：10.5 cm

绿松石夔龙纹簠

松石矿多集中在美国西南部的新墨西哥州、内华达州、亚利桑那州、科罗拉多、加利福尼亚州等地。埃及的西奈半岛也有绿松石矿，伊朗的尼沙普尔是世界上最古老的绿松石矿。此外还有阿富汗、智力等国都有绿松石产出。

分类

　　绿松石通常按产地、颜色、光泽、质地、结构进行分类，而许多分类又或多或少地引申为绿松石的质量等级，因而带有等级意义。

按颜色分类

蓝色绿松石：如果绿松石含铜元素高就会呈蓝色，有时会呈深蓝色。

浅蓝色绿松石：浅蓝色，比纯正的蓝色浅一点。

蓝绿色绿松石：蓝色和绿色共有。一块绿松石上既有蓝色也有绿色，我国湖北产的绿松石很多就是以蓝绿色呈现。

长：6.8 cm　高：3.5 cm　**浅蓝绿松石（貔貅 黄文中）**

蓝绿色绿松石料

绿色绿松石：绿色绿松石多是含铁成分比较多，是一种颜色比较常见的绿松石。

黄绿色绿松石：绿色中带有亮黄色，非常鲜亮美丽。

浅绿色绿松石：颜色比绿色稍微浅一点。

按结构分类

透明绿松石：透明的绿松石非常稀有。目前为止，世界上只有美国弗吉尼亚州出产透明的绿松石。经过打磨后，透明的绿松石重量还不到 1 克拉，实在罕见。

块状绿松石：块状绿松石很常见，这类绿松石质地紧密细腻，坚韧光洁，颜色艳丽鲜亮。

结核状绿松石：这类绿松石呈松果形、圆球形、葡萄形、枕形，跟结核的形状很像。

蓝缟绿松石：一般指有铁线的绿松石，因为铁线的交叉在绿松石上形成了蛛网状的花边。在国外，人们习惯把这样的绿松石称为蓝缟绿松石。

铁线绿松石：和蓝缟绿松石差不多，都是指具有纤细铁线的绿松石。我国习惯称之为铁线绿松石。

瓷松石：指颜色为纯正的天蓝色，质地坚韧，破碎后断面处像瓷器的断口一样平滑光泽。这类绿松石硬度一般在 5.5~6，是质地最硬是一种绿松石。

透明绿松石（博古纹笔洗 黄文中）

直径：3.5 cm

蓝缟绿松石瑞兽

长：7.6 cm 高：3.8 cm

铁线绿松石料

瓷松石料

脉状绿松石：这类绿松石呈细脉状，依存于围岩破碎带中。

斑杂状绿松石：这类绿松石因为含有高岭石和褐铁矿，外表呈斑点状、星点状。这类绿松石一般质量不高，硬度也较差。

面松：这类绿松石硬度不高，断面处呈颗粒样，用指甲就可以刻划下粉粒。

泡松：硬度比面松还软的绿松石。这类绿松石一般不能用作雕刻材料。但现在市场上这种绿松石常用于人工处理，已成为一种优化的绿松石品种。

按产地分类

湖北绿松石：湖北绿松石在国内外都享有盛誉，多产自于武当山山脉的西端、汉水以南的部分区域。湖北绿松石以其特有的品质，被赞为"东方绿宝石"。

尼沙普尔绿松石：尼沙普尔是伊朗北部的一个省，以盛产绿松石而出名。尼沙普尔绿松石在伊朗的地位与湖北绿松石在中国的地位差不多，是伊朗的主要绿松石产区。

西奈绿松石：西奈绿松石矿位于西奈半岛，矿体呈脉状，是世界最古老的绿松石矿山。西奈绿松石多呈浅蓝色，质地优。

美国绿松石：美国绿松石多产于美国西南部各个州，亚利桑那州是美国出产绿松石最丰富的地方。

国际标准等级

瓷松：是质地最硬的绿松石，硬度为5.5~6。因打出的断口近似贝壳状，抛光后的光泽质感均很似瓷器，故得名。通常颜色为纯正的天蓝色，是绿松石中最上品。

绿松：颜色从蓝绿到豆绿色，硬度在4.5~5.5，比瓷松略低。是一种中等质量的松石。

泡松：又称面松，呈淡蓝色到月白色，硬度在4.5以下，用小刀能刻划。因为这种绿松石软而疏松，只有较大块才有使用价值，为质量最次的松石。但在绿松石原料日益缺乏的今天，常采用注塑、注蜡以及染色等人工处理方法，改善其质量及外观，因而也可"废物利用"。

铁线松：绿松石中有黑色褐铁矿细脉呈网状分布，使蓝色或绿色绿松石呈现有黑色龟背纹、网纹或脉状纹的绿松石品种，被称为铁线松。其上的褐铁矿细脉被称为"铁线"。铁线纤细，黏结牢固，质坚硬，和松石形成一体，使松石上有如墨线勾画的自然图案，美观而独具一格，具美丽蜘蛛网纹的绿松石也可成为佳品。但若网纹为黏土质细脉组成，则称为泥线绿松石。泥线松石胶结不牢固，质地较软，基本上没有使用价值。

国内标准等级

一级绿松石：呈鲜艳的天蓝色，颜色纯正、均匀，光泽强，半透明至微透明，表面有玻璃感。质地致密、细腻、坚韧，无铁线或其他缺陷，块度大。

二级绿松石：呈深蓝、蓝绿、翠绿色，光泽较强，微透明。质地坚韧，铁线或其他缺陷很少，块度中等。

三级绿松石：呈浅蓝或蓝白、浅黄绿等色，光泽较差，质地比较僵硬，铁线明显，或白脑、筋、糠心等缺陷较多，块度大小不等。

长：7 cm　高：9.5 cm

绿松石螭龙璧

青金石

特征

　　青金石是碱性铝硅酸盐矿物，是一种以青金石矿物为主的岩石，含有少量黄铁矿、方解石等杂质的隐晶质集合体。解理不发育，断口参差状，条痕呈浅蓝色，玻璃光泽至蜡状光泽，硬度5～6。青金石拥有独特的蓝色、深蓝、淡蓝及浅青色等颜色，按其颜色的不同可分为青金枣色深蓝、金格浪枣深蓝、催生石枣浅蓝色等，青金石在遇到盐酸时会缓慢释放出硫化氢。

产地

　　青金石的产地有美国、阿富汗、蒙古、缅甸、智利、加拿大、巴基斯坦、印度和安哥拉等国。阿富汗的青金石出产于该国巴达赫尚省的含青金石矿区，其中以萨雷散格矿床最为著名，其所产青金石有着均匀的深蓝至天蓝色，极细粒的隐晶结构中夹杂微量的黄铁矿，使其在阳光照射之下金光生辉。青金石被阿拉伯国家称之为"瑰宝"，自古以来在我国都是一种进口的传统玉料，且多数来自阿富汗。迄今为止，中国未发现有青金石的产出。

长：14.5 cm　高：15 cm

青金石鼓形盨

品级鉴定

　　天然青金石在放大镜下可见其粒状结构，并常含有黄铁矿斑点、白色方解石团块。青金石一般呈蓝色，其颜色是由所含青金石矿物含量的多少所决定的，好的青金石颜色深蓝纯正，无裂纹、质地细腻，无方解石杂质，可以做成各种首饰等。青金石的质地应致密、细腻，没有裂纹，黄铁矿分布均匀似闪闪星光为上品。黄铁矿局部成片分布，则将影响到青金石玉石的质地，同时裂纹越明显质量等级也越低。青金石的品质评价可以依据颜色、净度、重量（块度）等几方面。

　　从颜色上看，青金石的颜色是由所含青金石矿物含量的多少所决定的，所含青金石矿物含量多，则颜色好，反之则颜色要差。由于青金石矿物呈蓝色，因此，青金石玉石一般也呈蓝色，其中又以蓝色调浓艳、纯正、均匀为最佳。如果颜色中交织有白石线或白斑，就会降低颜色的浓度、纯正度和均匀度，因此品质降低。

　　从净度上看，质地致密、坚韧、细腻，含青金石矿物多，含其他杂质矿物少（如方解石、辉石、云母、蓝方石等），这样的青金石为上品。如果黄铁矿局部成片分布，则将影响到青金石的质地，进而也将影响到青金石的品质。对于含有杂质矿物的青金石，杂质矿物分布的均匀程度，也是

青金石手镯
直径：7.8 cm

青金石龙龟印
长：9 cm　宽：7 cm　高：8.5 cm

评价其质地的一个标准。一般认为杂质矿物分布均匀者，比分布不均匀者品级要高，反之则品级低。所以，净度是评价青金石品质的一个重要因素。

块度即指青金石块体积的大小，在同等质量条件下，青金石块体积越大其价值也就越高。综合来说，青金石可以依次划分为：

青金石级：此为最优质的青金石。其中的青金石矿物含量在99%以上，不含黄铁矿，其他杂质矿物很少，质地致密、坚韧、细腻，呈浓艳、纯正、均匀的蓝色。

青金级：青金石矿物含量一般在90~95%，没有白斑，可含有稀疏的星点状黄铁矿和少量其他杂质矿物，质地较纯净致密、细腻，颜色的浓度、均匀度、纯正度较青金石级差。

金克浪级：青金石矿物的含量明显减少，含有较多而密集的黄铁矿，杂质矿物明显含量增加，有白斑和白花，颜色的浓度明显降低，呈浅蓝色且分布不均匀。

催生石级：这一类型青金石是品质最差的青金石玉石，所含青金石矿物最少，一般不含黄铁矿，而方解石等杂质矿物含量明显增加，玉石上仅见星点状蓝色分布，或呈蓝色与白色混杂的杂斑状。

长：7.5 cm   高：5.5 cm

青金石瑞兽

孔雀石

孔雀石是一种古老的玉料，主要成分为碱式碳酸铜。中国古代称孔雀石为"绿青""石绿"或"青琅玕"。孔雀石由于颜色酷似孔雀羽毛上斑点的绿色而命名。孔雀石产于铜的硫化物矿床氧化带，常与其他含铜矿物共生（蓝铜矿、辉铜矿、赤铜矿、自然铜等）。世界著名产地有赞比亚、澳大利亚、纳米比亚、俄罗斯、扎伊尔、美国等国，中国主要产于广东阳春、湖北大冶和赣西北。

孔雀石是含铜的碳酸盐矿物，属单斜晶系，晶体形态常呈柱状或针状，十分稀少，通常呈隐晶钟乳状、块状、皮壳状、结核状和纤维状集合体，具同心层状、纤维放射状结构。颜色有绿、孔雀绿、暗绿色等。常有纹带，丝绢光泽或玻璃光泽，呈不透明状，硬度3.5~4.5。性脆，贝壳状至参差状断口。遇盐酸起反应，并且容易溶解。

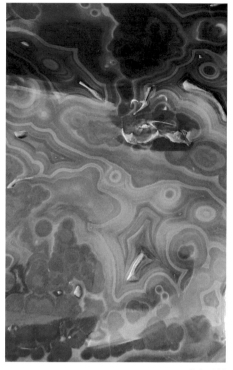

孔雀石料

孔雀石常作观赏石和工艺观赏品，要求颜色鲜艳、纯正均匀、色带、纹带清晰，块体致密无洞，越大越好。孔雀石中的猫眼石要求其底色正，光带清晰。由于孔雀石具有色彩浓淡的条状花纹，这种独一无二的特征是其他宝石所没有的，因此几乎没有仿冒品。

孔雀石的独有特征可较轻易地将其与其他宝石区分开。与其相似的种类主要有绿松石，不过绿松石颜色是蓝色带绿，密度比孔雀石小，硬度比孔雀石大。也有用绿色条带的玻璃来仿冒孔雀石的，但玻璃的条纹短且宽度不稳定，玻璃见不到丝绢光泽、贝壳状断口，并且玻璃里面可能有气泡，密度小于孔雀石。所以，孔雀石具有的色彩浓淡的条状花纹是很容易被人辨识的。

玛瑙

　　玛瑙是玉髓类矿物的一种，通常就是混有蛋白石和隐晶质石英的纹带状块体。主要成分为二氧化硅。由于与水化二氧化硅（硅酸）交替而常重复成层。又因其夹杂氧化金属，颜色可从极淡色以至暗色。用铁、钴、镍等盐类，任它们自然渗透于硅酸凝胶中，能人工制成"玛瑙"。天然玛瑙可能亦是在此相似情形下生成的。硬度 6.5 ~ 7 度，比重 2.65，色彩极有层次，蜡状光泽，半透明或不透明，贝壳状断口，常呈致密块状而形成各种构造，如乳房状、葡萄状、结核状等，常见的为同心圆构造，通常有绿、红、黄、褐、白等多种颜色。

玛瑙壶

　　世界上玛瑙著名产地有中国、印度、巴西、马达加斯加、美国、埃及、澳大利亚、墨西哥等国。我国玛瑙产地分布也很广泛，几乎各省都有，著名产地有云南、黑龙江逊克、辽宁、河北、新疆、宁夏、内蒙古等。

直径：8.6 cm

玛瑙首饰盒

南红玛瑙

概念

　　南红是南红玛瑙的业内简称，是近些年业内对产自中国西南部地区的一种以红色系颜色为主的、观感润泽浑厚的天然红玛瑙的统称。既包含了地域概念，亦强调了天然红色成因以及专业玛瑙术语三层含义所用的俗称。虽然南红玛瑙的名称可能直接源自有历史渊源的出产天然红玛瑙的云南保山，但历史上同样出产过天然红玛瑙的甘肃迭部，以及近几年刚刚发现的四川川南凉山，也是重要的产区。因此业内又有了滇南红、甘南红、川南红之说，继而进一步简化谓之滇红、甘红、川红。但这些称谓均是业内的非专业词汇或俗称，并非是国家标准规范里的专业固有术语。也就是说执行国家标准的证书鉴定名称上是不会出现南红或其他俗称的字眼，而依旧只是玛瑙。

特征

　　南红属于玉石分类中的玛瑙一族，同其他玛瑙品种一样，是一种具有环带构造的玉髓。其主要化学成分是二氧化硅，与普通玛瑙品种基本一致，都是二氧化硅凝胶的隐晶质物质。但含三价铁要高。铁元素是形成南红颜色的主要元素。南红玛瑙颜色以明暗程度不同，深浅有别的红色系为主，有锦红、柿子红、玫瑰红、樱桃红、水红、粉红等，夹有白色、褐色、

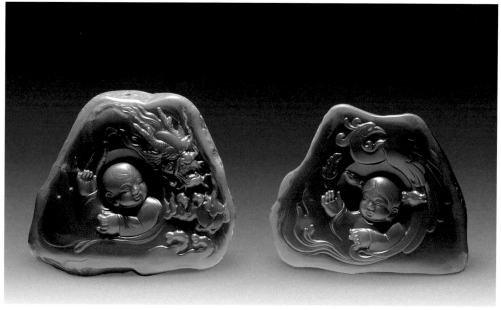

长：5.3 cm　宽：1.5 cm　高：4.6 cm

南红玛瑙（龙子·凤媛 罗光明）

长：3.8 cm　宽：2 cm　高：4.7 cm

南红玛瑙（潮　王志戈）

灰色的条纹条带，呈透明、半透明、微透明状。以微透明或半透明为主，蜡状油脂光泽，玻璃光泽，环带状构造，硬度 6.5~7。

颜色特征：南红玛瑙的颜色较单纯，红色是其最大的特征，但红色的鲜艳程度和明暗程度均与构成南红玛瑙颜色的"朱砂"点密切相关。南红的红色部分是由无数颗针状红斑点构成的，针状红点主要是由氧化铁形成的。这些小红色点也就是人们常说的"朱砂"点，但它并不是朱砂，只是一种颜色形态上的比喻，天然红玛瑙的颜色都具有这一特征。但也并不是所有的南红玛瑙都能肉眼观察到朱砂点，所以看不到朱砂点的南红玛瑙也不一定是假的。比如凉山九口等区域的优质南红原石产出的南红玛瑙，其色泽纯、质地好，它们的朱砂点一般肉眼是看不到的。而保山部分地区和凉山联合产地的部分南红，朱砂点就比较明显，通常在光线下照射肉眼都可以看到。因此朱砂点是南红玛瑙的一大特征。

结构特征：南红同其他品种的玛瑙一样，具有条带状构造。但南红的条带状构造表现相对单纯，主要呈现红白缠丝、红白条带、不同深浅的红色条带特征。其质地不同，呈现的光泽也不同。优质南红结构细腻，半透明到微透明。油脂光泽，呈现出浑厚脂感和柔美温润，符合人们对美玉独有的认知，即质厚凝脂之感。但也并非所有的南红玛瑙都具有明显的玉质，比如凉山联合料和保山的部分南红，透明度较好，有种冰透的感觉，但玉质感不强，冰粉、水红、冰飘、樱桃红等品种就是。

从不同质地的颜色类型和颜色的深浅浓淡变化，可以发现一个基本事实，这就是由没有朱砂点时的纯冰地到朱砂点逐渐增多的冰粉、水红，到冰飘、樱桃红，再到柿子红，随着透明度的逐渐降低，玉石光泽也逐渐由玻璃光泽转变成蜡状光泽、油脂光泽。而造成这种玛瑙质地结构上的变化，正是由于朱砂点含量的多少，以及朱砂点大小的不同所导致的。朱砂点颗粒结构越细，聚集程度越密集，则玛瑙的油脂光泽越好，这就是南红玛瑙能不同于普通玛瑙而呈现质厚温润、凝脂细腻般玉的质感的主要原因。

产地

南红产地近代以来主要是云南保山、甘肃迭部以及四川凉山。根据南红原料的产出位置一般可分为山料南红、火山南红、水料南红。

山料南红是从山上开采的南红原生矿，外层呈不规则的棱角块。这种材料一般用炸药开采。所以浪费大，破坏性强，造成原料存在大量的绺裂。但山料一般较大块，并带有一定的围岩。

火山南红是山体矿脉的南红材料，通过火山喷发的形式呈现的蛋形状态原石。其外层通常由于经过火山的高温灼烧，有深棕色至铁黑色的外表皮，表面既有光滑平整的，也有坑洼麻面的。但其材料相对完整，有相对红艳甚至紫红的颜色出现。目前相对完美无瑕的南红玉雕作品多以该材料制作。

水料南红是南红原生矿在自然界长期风化的作用下，剥离为大小不等的碎块崩落在山坡上，再经冰川、泥石流、河水的不断冲刷、搬运而形成的光滑的鹅卵石形态，并由河水或洪水带到山下的现代和古代河床中。其形态各异，相对个体较小，完整度较好。

分类

南红玛瑙原料因产出地质环境的不同、热液成分差异，以及矿液的储存空间的区别，造成其呈现出不同的外观和颜色。对南红玛瑙的颜色分类并没有相关的国家标准，但业内在对南红玛瑙主要的颜色类别认识上，虽然存在着一些差异，不过大体一致。实际上南红玛瑙的颜色类别是含有玉石结构质地特征的，绝不仅仅是单纯颜色的机械划分。综合云南、甘肃和四川多地的南红玛瑙的颜色结构特点，主要有锦红、柿子红、玫瑰红、樱桃红、朱砂红、冰飘、冻料、水红、冰粉，以及红白料、缟红料、黑红料等。

锦红料

锦红：锦红是南红玛瑙颜色的最高级别，一般认为锦红是以正红色、大红色为主体，其中也包含一部分柿子红。锦红除了红艳亮丽的颜色，还指细腻柔顺、丝滑紧密的质地，珠宝光泽强。这是锦红用于对优质南红玛瑙颜色、质地的准确表达。一般认为只要打光透的，再红艳的颜色，不能叫锦红，所以锦红就是指艳丽的红色加不透光的细腻质地。比较难见。

柿子红料

柿子红：柿子红主色调以红黄为主，可以察觉到黄色调。比较成熟的红柿子颜色以及表面的皮肉质感与南红柿子红的颜色及温润细腻的质地感觉，虽是来自两类截然不同的物种，但颜色和质感却是惊人地神似。所以柿子红不仅表达贴切，也使人易于理解。柿子红分两种情况，一种是柿子红颜色加质地细腻打光不透（实际微透光）。另一种是柿子红颜色加质地冰冻打光透（不透明或透明）。

玫瑰红料

玫瑰红：玫瑰红颜色相当于锦红和柿子红，更偏带紫色调，整体为紫红色。色泽从艳丽到沉稳，质地半透明，胶质感很强。质感比起柿子红要相对通透一些，好的玫瑰红颜色也很艳丽，质地比较透，半透明状。肉眼观察有点水、有点透。珠宝光泽比较弱，打光后体色是浅的紫红色。质地纯正的玫瑰红也是较为少见的南红品种，一般多是玫瑰红和柿子红两种颜色质地，或玫瑰红和樱桃红等颜色共生混杂在一起。

樱桃红料

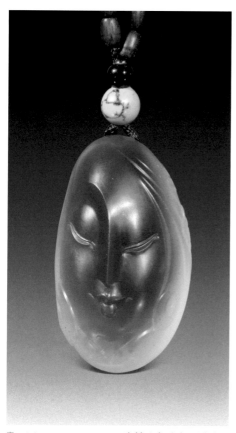

高：4.6 cm   冻料（赤霞珠 王志戈）

樱桃红：樱桃红南红玛瑙就像成熟的红樱桃的鲜亮颜色。质地通透，颜色均匀。朱砂点是樱桃红南红玛瑙的一大特点。在高品质的樱桃红南红玛瑙中，肉眼难辨红色的"朱砂"，但10倍以上放大条件下则显得非常清楚。樱桃红缺乏胶质感，色泽明快，透明度高，水头足，润度高，打灯或对着阳光看，没有玛瑙纹，质地均匀纯净。

朱砂红：朱砂红的特点就是"朱砂"点比较明显。红色主体肉眼可以明显看见由细小朱砂点聚集而成，较玫瑰红淡一些。有的朱砂红也呈现出火焰纹近似妖娆的纹理，呈现出一种独特的美感。朱砂红的称谓经常用来称呼其他品种，如朱砂冰飘、朱砂水红等。只要是朱砂点明显肉眼可以观察到的，就都可以叫朱砂红。

冰飘：冰飘在南红玛瑙系列中十分独特，是指在近似透明或半透明的近无色的、冰透晶莹的玛瑙基底中，铁质"朱砂"点呈云朵状、片状、不规则条带状聚集分布，红白两色形成鲜明的对比，形态变化万千，饶有韵味。

冻料：对南红冻料的概念，一般有两种认识。一种是指那些有着红白（白色接近无色）两种颜色质地的南红玛瑙品种，而且白色部分和红色部分通常融合在一起，红白两部分边缘相互交融，没有清晰截然的界限。白色部分透明度高，经常是半透明或透明的状态，没有杂质瑕疵。冻料质量的好坏取决于红色部分，通常质量较好的南红玛瑙冻料红色部分既红润又饱满，白色部分则通透性好，干净无暇。另一种是指具胶质感，细腻、半透明的玛瑙，可以有很多颜色。

冻料也称冻肉，比如荔枝冻，就是带点肉色的感觉；柿子冻，就是柿子红的颜色，但打光看基底是透明的。柿子红和柿子冻组合在一起时，叫满色。白冻，就是白色冻肉。冻料和冰飘非常相似，共同的特点是玛瑙基底相同或类似，透明至半透明，晶莹剔透的"冰""冻"感觉，不同的是冻料红白界限不显著，而冰飘则红白分明。

水红冰粉：当南红玛瑙质地透明度非常好的时候，朱砂点分布较均匀，颜色红润淡雅，就是诸如水红质地的品种。颜色更淡，红色调很浅时，只微微地感觉冰地上带微弱的粉色，就是冰粉的颜色。冰飘、冻料、水红、冰粉这几种颜色类别，有时经常存在过渡类型。比如整块材料为冰飘时，局部可能有水红或者冰粉，冰飘和冻料的红色与冰种基底之间的关系是一个红色截面，一个红色过渡。两者朱砂点分布相对均匀，朱砂点分散细小。

红白料：南红玛瑙中红色与白色相伴生，且红白分明，层次清晰、锐利，就是南红的红白料。红白颜色非常分明的红白料属于优质玉料，但产量稀少。与南红冻料相比，两者都有红白两色，但红白料的白色部分要比冻料的白色更浓，为不透明状至微透明状，且红白料的红白两色部分界限十分分明，没有相互交融的特征。优质的红白料南红玛瑙白色部分为乳白色，没有杂质等瑕疵。

缟红料：缟红料是一种有着红色纹理深浅不同的南红玛瑙。因其深浅不同的红色变化有些和红缟玛瑙纹理的交织状态相类似，所以被称为缟红纹南红。与缟红玛瑙不同，南红缟红料以红色系为主体，整体有着不同深浅的红色纹理，但无红色外其他颜色。润泽感好，透光性佳，浑厚无瓷感。

黑红料：黑红料是相对比较少见的南红原料，高质量的为半透明状，会出现油润细腻的感觉。与黑红料接近过渡的还有灰红料，指红色之外的玛瑙基底颜色呈现灰色、深灰

高：13 cm　　**红白料（梅花印　罗光明）**

色、灰黑色，这些品种也可以看作黑红料的部分。而黑红料中的黑色玛瑙，与含铁元素的红玛瑙是同一地质时期形成的，而不是指其围岩部分。

纯白料：纯白料是以白色为主体的玛瑙材料，因其色纯白而被称为南红白料。个别白色南红材料会带有天然缠丝，纯乳白色主体与半透明至透明的无色或近无色条带平行，缠丝形状各异，充满魅力。

黑红料

南红玛瑙除存在颜色的变化范围外，还有一些特殊的颜色，比如盐源玛瑙中上好的深玫瑰红和浅水蓝绿两色同时出现，这种材料也属于川南红中的名贵俏色品种。

盐源玛瑙

绿皮包浆料

盐源玛瑙产自四川凉山盐源县，因产地而得名，它靠近南红的产地，有着和南红一样的润泽度，加上颜色丰富，所以又被人称为"七彩南红"。盐源玛瑙通常有粉、紫、绿、白、青、黄、褐等颜色，质地偏硬，密度很大。油润感、细腻度都很强，具有和南红玛瑙一样的胶质感，多彩肉质分布均匀，颜色间自然相溶过渡，是比较有韧性的一种玛瑙。盐源玛瑙仅分布于盐源县的东南侧，分布范围相对南红玛瑙要小得多，储量非常少，其原石多为蛋形，一般多裂，内部多夹杂脏色，这也造成了高品质盐源玛瑙在市面稀缺的原因。

盐源玛瑙

紫绿玛瑙

　　紫绿玛瑙产于陕西秦岭腹地的洛南县北部，主要分布于石门、石坡、巡检三镇，是目前全球产地唯一。主要颜色以紫绿相间，因其出在大秦陕西，故被称之为秦紫玉。紫绿玛瑙是由于火山二次喷发而形成的，主要分布在靠近山顶的地质运动断层中，一般呈现带状分布，由于这种玛瑙形成与火山喷发有关，所以目前已知储量较小。其在颜色上主要以紫、绿、青、白．橙等多种颜色互相交替、包围、渐变为特点，多呈现紫绿、紫青、紫绿青、青白、紫白、橙白等几种组合。常常一块原石包含两种以上的色彩，几种色彩互相交替包围。从质感上来看，紫绿玛瑙的硬度在 6.5~7，密度 2.5~2.7，矿物成分含铁、铬、钛、锰、钒、铜等，透明至不透明，蜡状光泽细腻油润，玉质感较强。

紫绿玛瑙（大圣 孙国双）

高：15.6 cm

紫绿玛瑙（神游 孙国双）

高：18 cm

战国红玛瑙

战国红玛瑙指近年开采于辽宁北票和河北宣化等地产出的玛瑙，于 2015 年在宝石学上被定义为红缟玛瑙的一种，因其形同战国时期出土的红缟玛瑙，后被称为战国红玛瑙。战国红玛瑙以红黄缟为主，偶有黑缟，白缟等。以颜色艳丽，通透，三维动丝为上品，但产量较少，大料较为难得。

战国红玛瑙同时兼具了玛瑙顶级的色和丝两种特点。其丝为红、黄二色，丝间的过渡色则有红、黄、绿、紫、无色等多种。而各色在色谱上均有很宽泛的过渡，黄色从土黄到明黄，红色从暗红到血红。如此之多的颜色和复杂的缠丝相结合，形成了战国红玛瑙千变万化的特点，真可谓极尽自然变化之能事。战国红玛瑙岩浆在凝结时，多以类水晶质为核心。此种核心质地松软，密度低，民间俗称矾心。战国红玛瑙原石中绝大多数都带有矾心，矾心多质地松散，无法抛光，所以成品中如带有矾心，一般视为瑕疵。

战国红玛瑙中也存在透明的玛瑙，此种玛瑙颜色有偏黑的，也有偏白的，俗称冻料或青肉。除了矾心外，也有冻心的原石。冻料的存在为战国红添加了透光性，使战国红具有更多变化。当冻料夹在红黄缠丝之间时，就形成了一种特殊现象，这种现象民间俗称动丝、闪丝、活丝或三维丝，形成条件就是有色玛瑙（多为红色，少数黄色）缠丝之间填充了透明的冻料玛瑙层，且有色玛瑙缠丝间距很小，冻料玛瑙层可透光，在改变视线角度时，产生透光差异，视觉效果好像是丝在动。战国红动丝料更是具有鲜艳颜色，观感奇特。因动丝料较少，则更显珍贵。

特征

战国红玛瑙的结构具有玛瑙的普遍特色，即缠丝为主，且折角突出，变幻瑰丽。主要的结构就是不同颜色的玛瑙色层叠加在一起，色层薄厚变化多端，分界清晰，极少出现两色混合的现象。当色层按一定规律多层叠加，就形成了缠丝结构，缠丝多折角，且多呈锐角结构。战国红玛瑙多为红黄色层叠，色层中会有过渡色出现，也有掺杂其他颜色，如紫、绿、白、黑等。扭曲是战国红玛瑙结构最明显的特性，除了千层板结构，所有的层叠结构都存在扭曲现象，不同色层的反复扭曲、折角才形成了战国红玛瑙独一无二的美丽。

战国红玛瑙的质地从油润到通透，再到干涩都有，以油润为最好，通透次之，干涩最差。战国红玛瑙有些黄色料油润感极好，即鸡油黄。有些含透明玛瑙较多，质感通透，但缺乏油润，品质次于油润料。还有些较干的料质，红黄色均有较干料出现，此类品质较差。

长：19 cm 高：13 cm

战国红玛瑙 犀首双耳缶

颜色

　　战国红玛瑙颜色鲜艳，最主要是红黄两色，绝大部分战国红玛瑙都具有红黄色，少部分含有其他颜色，如紫、白、绿、黑等，而这类颜色则归入杂色。如此，可将色彩分为红、黄、白、紫、绿色等。

　　红色：既然名字叫战国红，红色就是它的主色无疑了。不同于其他红玛瑙，其光谱范围从大红、朱红到深红，覆盖色饱和度极广。战国红玛瑙中少有单一纯色的原石，即便在一块只有红色的原石上，也会出现多种不同的红色。血红为其最好的品种，分别有鸽血红、牛血红等不同叫法，就是像血一样鲜艳、厚重的颜色。

　　暗红：暗红色战国红玛瑙在红色料石中比例很大，单纯暗红色料石量也很大。此类料质较通透，少油性。

战国红玛瑙羊

长：6.5 cm　　高：4 cm

战国红玛瑙鸟

长：4 cm　　高：7 cm

黄色：在战国红玛瑙中，黄色要比红色贵重些，因黄色原石比红色少。同红色一样，战国红玛瑙的黄色在色度范围上也很宽泛，从柠檬黄到橘黄再到土黄，多种黄色都有，少量黄色还会过渡到绿色。

柠檬黄：为战国红玛瑙黄色中最艳丽品种，较稀少，其黄色清亮愉悦。

鸡油黄：鸡油黄一直是战国红玛瑙中备受推崇的颜色，但因鸡油本身颜色有变化，所以鸡油黄这个概念也就一直未有定论。鸡油黄应该在柠檬黄与橘黄之间,其更强调的是一个油字。

土黄：土黄色较暗，油润度也降低，此类品种较差。

透明色：透明色玛瑙在战国红玛瑙中也叫冻料，冻料多偏灰色，也有白色、紫色、黑色、黑褐色的冻料。冻料中也会有缠丝的层叠效果，以质纯少杂质为好。

紫色：紫色以冻料形式存在，有从暗紫到淡紫的过渡。

黄绿：由柠檬黄过渡到浅绿色。

深绿：少量深绿色条带出现。

白色：以纯白色缟带状出现，此类为白色上品，多呈千层板结构，处于原石中央位置，外包其他颜色色层。

战国红玛瑙手饰   战国红玛瑙串珠

白瓷：一般地表料皆属白瓷料，其中含红黄丝，丝之间填充玛瑙为白色、青色、乳白，其性类瓷质，统称白瓷料。

全白：此类品种结构与红黄色战国红玛瑙结构完全一致，丝、矾、冻皆具备，没有色彩，只有灰度的区分。因知名度不高，开采成品有限。

黑色：黑色有冻料，也有完全不透的黑玛瑙。

战国红玛瑙多为红黄混合，以颜色艳丽、不同色之间分界清晰、不含混、过渡色少为上品。

等级

战国红玛瑙结构繁复，如果将各个品种标注于坐标上，将呈现出连续的曲线。其各品种间不存在明确的品种分隔，但依然可以从战国红的共性，即色彩、结构、润度上为战国红玛瑙判定等级。

战国红以色出名，其艳丽程度是其他矿石所难以比拟的。所以，战国红玛瑙上品的首要素质就是颜色艳丽、色层清晰、不混沌。在结构方面，战国红一贯以扭曲多变、奇诡无方著称，其中以结构清晰、方向性好为上品，碎杂无序为下品。在润度上，油润为上品，干涩为下品。

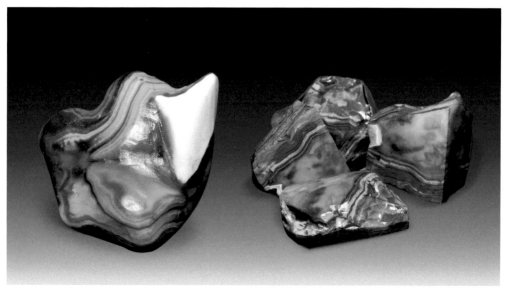

战国红玛瑙料

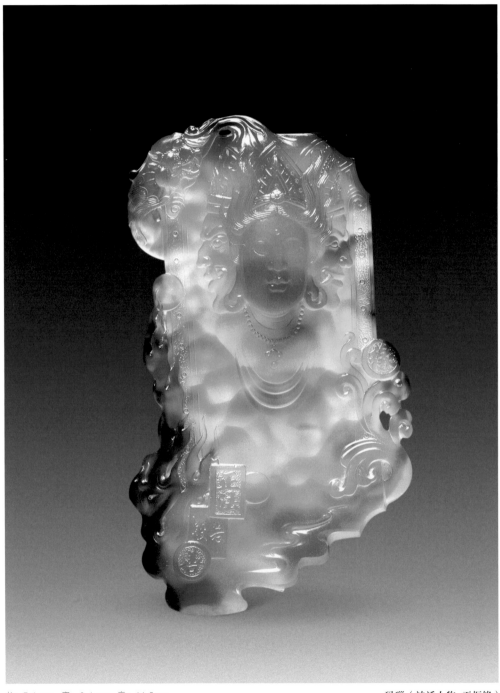

长：7.4 cm　宽：2.4 cm　高：11.5 cm

玛瑙（神话人物　王振锋）

北红玛瑙

　　北红玛瑙产于黑龙江省伊春、逊克、嫩江等中下游流域，其储量有限、绚丽温润、俏色丰富。特别是红玛瑙，透明度好，品质居世界玛瑙排名前列。北红玛瑙按料产的环境不同分为地下疙瘩料、草皮料、甸子料、大田料、水冲籽料、地表料、过采区料、石包青铜皮料。北红玛瑙的矿物名称是玉髓，主要成分是二氧化硅，硬度达到7~8，仅次于金刚石和刚玉。主体颜色红、黄、灰、蓝、白、绿、橙、黑、蜜糖色等，俏色丰富，温润绚丽，别具一格。北红玛瑙的颜色深浅受多种因素的影响，常见的北红玛瑙一般呈透明、亚透明、半透明、微透明、不透明状，它是由北红结晶颗粒的大小、结构细密程度决定的，结晶颗粒越小，结构越致密，透明度越高，则种水越好。北红玛瑙属于隐晶质结构，高品质的北红玛瑙透明度高，甚至可达到玻璃光泽，整体感觉如玻璃一般清澈透明，同时又具备玉的质感。其同时具备了宝石的五大特性，即色泽鲜艳美观、硬度高、透明度好、化学物质稳定和稀缺性。北红玛瑙与南红玛瑙相比，南红最大特点是鲜艳的红，普遍石性较重。北红玛瑙则在玉质上、块度上更胜一筹，富于特色的金红、金黄玛瑙则是南红所不具备的。

北红玛瑙

长：5.5 cm　高：2 cm

北红玛瑙（貔貅　王振锋）

阿拉善玛瑙

　　阿拉善玛瑙，也称戈壁玛瑙，属风凌石，由距今上亿年前的火山喷发喷射的岩浆冷却而成。经过长期的地质变迁和风化侵蚀等自然作用，形成了千奇百怪、绚丽多彩的戈壁奇石。阿拉善玛瑙原石的特点是表面光滑圆润，大都存在于地表面。阿拉善玛瑙质地坚硬，摩氏硬度为7～8，色像霞光，润似水晶，含有多重微量元素，主要产自我国内蒙古阿拉善地区。

　　"阿拉善"在蒙语中就是五彩斑斓的意思，将这种玉石的色相描述得非常贴切。阿拉善玛瑙质地莹润，表皮风化后，表面光润，细腻光洁，晶莹剔透，形态各异。阿拉善玛瑙最大的特点就是色彩绚丽，颜色丰富，黄、白、红、赭、兰、紫、灰各显其美，多种颜色交织在一起，流光溢彩，构成许多别致新颖的花纹。

阿拉善玛瑙（河伯　王志戈）

高：18.8 cm

阿拉善玛瑙（禅思　柴艺扬）

高：22 cm

阿拉善玛瑙（福猪 王志戈）

长：2.5 cm　高：1.8 cm

阿拉善玛瑙（忠犬 王波）

长：2.5 cm　高：2.2 cm

水晶

特征

　　水晶在中国有个古老的称谓叫"水玉"，是稀有矿物，属于有色宝石类中的半宝石。石英结晶体，在矿物学上属于石英族，主要化学成分是二氧化硅，纯净时形成无色透明的晶体。当含铝、铁等不同微量元素时呈粉色、紫色、黄色、茶色等颜色。含伴生包裹体矿物如金红石、电气石、阳起石、云母，绿泥石时被称为包裹体水晶，如发晶、绿幽灵、红兔毛等。

　　发育良好的单晶为六方锥体，所以通常为块状或粒状集合体，一般为无色、灰色、乳白色，含其他矿物元素时呈紫、红、烟、茶等颜色。当二氧化硅结晶完美时就是水晶，结晶不完美的就是石英。二氧化硅胶化脱水后就是玛瑙，二氧化硅含水的胶体凝固后就成为蛋白石，二氧化硅晶粒小于几微米时就组成玉髓、燧石、次生石英岩。

　　水晶的矿物成分包含针铁矿、赤铁矿、金红石、磁铁矿、电气石、石榴石、云母、绿泥石等、这些成分形成了包裹体水晶，如发晶、钛晶、绿幽灵等。发晶中含有肉眼可见的似头发状的针状矿物的包裹体形成。含锰和铁者称紫水晶，含铁者呈金黄色或柠檬色称黄水晶，含锰和钛呈玫瑰色者称蔷薇石英，即粉水晶，烟色者称烟水晶，褐色者称茶晶，黑色透明者称为墨晶。

水晶硬度7，呈半透明至透明状，玻璃光泽。结晶完美的水晶晶体属三方晶系，常呈六棱柱状晶体，柱面横纹发育，柱体为一头尖或两头尖，多条长柱体联结在一块，通称晶簇，美丽而壮观，形状千姿百态。除了常见的长柱状外，还有似宝剑形，有的若板状，有的如短柱形，有的像双锥，有的小如手指，有的大如巨石，有的不足半两，有的重达几百公斤。

产地

水晶的产地很多，宝石级的水晶主要产于晶洞或伟晶岩脉中，几乎世界各地均有水晶产出，如马达加斯加、赞比亚、巴西、德国、俄罗斯、缅甸、阿富汗等。中国的水晶矿床分布也较为广泛，25个以上的省区均有水晶产出，如内蒙古乌拉特中旗查斯台水晶矿、著名的"水晶之乡"江苏省东海县的水晶矿、内蒙古巴林右旗朝阳湾水晶矿等。

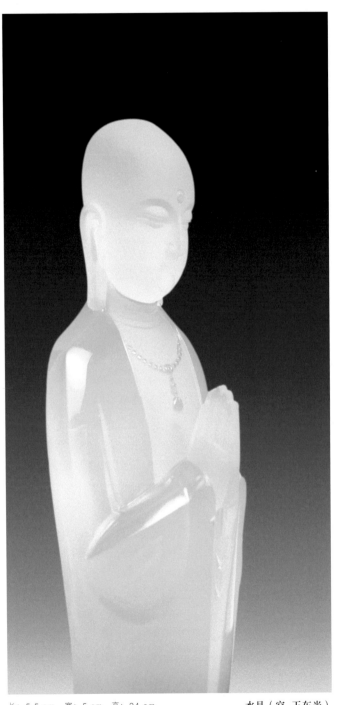

长：5.5 cm　宽：5 cm　高：24 cm

水晶（空 王东光）

分类

市场上水晶的分类五花八门，从地质特征上大致分为显晶类、隐晶类和特别类三种。

显晶类：由多条六角形水晶柱（六方晶系）生成一簇的水晶簇，便是属于显晶类，如白水晶、紫水晶、黄水晶、粉晶、发晶、虎眼石等。

黄水晶

茶水晶

紫水晶

红水晶

隐晶类：隐晶类水晶外观是一块块的，不是成六角水晶簇状，也属六方晶系，但不能以肉眼观察到它们的六角形结晶，因为结晶的体积极为细小，需以显微镜协助下才能看到。此类水晶非常平滑，结晶之间有水化硅石填补，玛瑙便属于此类。

特别类：这类水晶和一般水晶分别很大，难以归为显晶类或隐晶类，如结晶古怪嶙峋的骨干水晶、水晶内有山水星像图案的幻影水晶等皆为此类。

从形态特征上，又可分为天然水晶、合成水晶、熔融水晶、玻璃仿水晶。

天然水晶：天然水晶是指在自然条件下生长在地壳深处，通常都要经历火山和地震等剧烈的地壳运动才能形成。天然水晶属于矿产资源，非常稀有和珍贵，属于宝石的一种。

合成水晶：合成水晶也叫再生水晶，是一种单晶体，是采用水热结晶法模仿天然水晶的生长过程，把天然硅矿石和一些化学物质放在高压釜内，经过1至3个月时间（对不同晶体而言）逐渐培养而成。它的化学成分、分子结构、光学性能、机械、电气性质方面与天然水晶完全相同，而双折射及偏振性等方面，再生水晶比天然水晶更纯净，色泽性更好。经过加工（割、磨、抛）后得到各种形状的颗粒晶莹透亮，光彩夺目，并且耐磨，耐腐蚀。

熔融水晶：熔融水晶是以水晶废料为原料在高温高压下熔炼出来的，并非结晶而成，不具备水晶的晶体特性，所以不能把熔炼水晶与合成水晶混为一谈。但是熔炼水晶耐高温，用优质二氧化硅熔炼成的熔炼水晶可以做成实用产品比如水晶杯、烤盘、茶具等。

玻璃仿水晶：K9玻璃虽然是用二氧化硅为主要原料熔炼而成，但在熔炼过程中加进了3~4%的铅，实际上就是水晶玻璃。一般玻璃发蓝或者发绿，但是加铅之后玻璃的白度很高，看起来非常像水晶，尤其含3~4%的K9玻璃最像水晶，所以称K9玻璃为仿水晶。

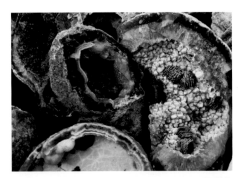

隐晶类

绿幽灵

熔融水晶

宽：7.5 cm　高：18.5 cm

水晶珐琅彩净瓶

长：42 cm 高：64 cm

飞天 水晶板

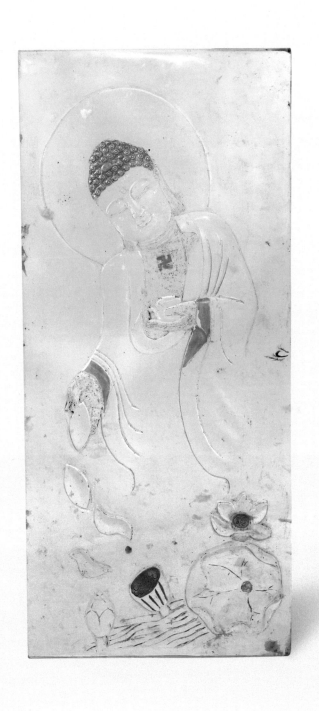

长：42 cm 高：88 cm

佛像 水晶板

玉髓

特征

玉髓是人类历史上最古老的玉石品种之一。玉髓又名"石髓"，是一种石英，是二氧化硅隐晶质体的统称，它是石英（隐晶质）的变种。玉髓的主要矿物成分是二氧化硅，可含有铁、铝、钛、锰、钒等元素，属隐晶质集合体，呈致密块状，也可呈球粒状、放射状或细微纤维状集合体。玉髓以乳状或钟乳状产出，常呈肾状、钟乳状、葡萄状等，具有蜡质光泽，因其色彩丰富质地透彻，一直以来都被用作首饰盒高档工艺品的原材料。常见颜色以透明至白色较普遍，也有极少数颜色鲜亮质地通透的品种，如红、绿、蓝、紫等颜色。

产地

玉髓形成于低温和低压条件下，在喷出岩的空洞、热液脉、温泉沉积物、碎屑沉积物及风化壳中。有的玉髓结核内会含有水和气泡，物理性质与石英一样。产地有马达加斯加、巴西、乌拉圭、印度尼西亚及中国台湾等国家和地区。

种类

红玉髓：产自西藏高原，呈半透明状，质地细腻，晶莹剔透，色泽纯正浓厚，硬度较大，轻轻敲击其声，清脆悠扬。

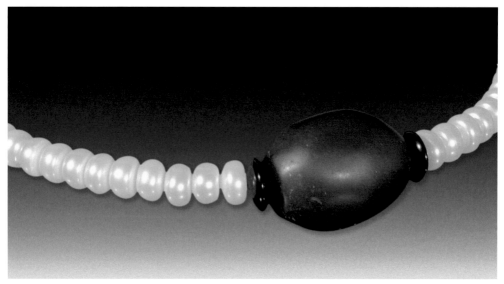

红玉髓

蓝玉髓：因含铜而呈蓝色，含铜量不同颜色深浅也不一样，硬度较高，是一种作为装饰品而广泛使用的彩色宝石。

血玉髓：就是血石，是深绿色中带有红色斑点的玉髓，这些红色斑点看上去特别像血滴，所以又称为"血石"。

绿玉髓：清爽的翠绿色中带着点黄色，是一种呈不同色调的绿色，微透明至半透明状。绿玉髓相当稀少，色彩诱人，是最具价值的石英矿石之一，易与翡翠混淆。

黄玉髓：这是一种比较罕见的玉髓颜色，其中最为珍贵的是金色透明的金水菩提。

黑玉髓：是一种最常见的玉髓颜色，因为形成的温度相对较低，所以内部含有大量其他的矿物元素。黑玉髓因铁、钾、硒化合物较多而致颜色呈紫黑色、深黑色等。

马达加斯加玉髓：简称马料，是一种特殊种类的玉髓，也是市场上的主力玉髓品种。料性适宜雕刻，产量有限，且开采、运输均受到马达加斯加国内落后的发展环境限制。进入中国市场的马料可分为水冲原石籽料、白料（土皮山料）、草花料、冰彩料、水胆料、晶洞料、冰透料等品种。

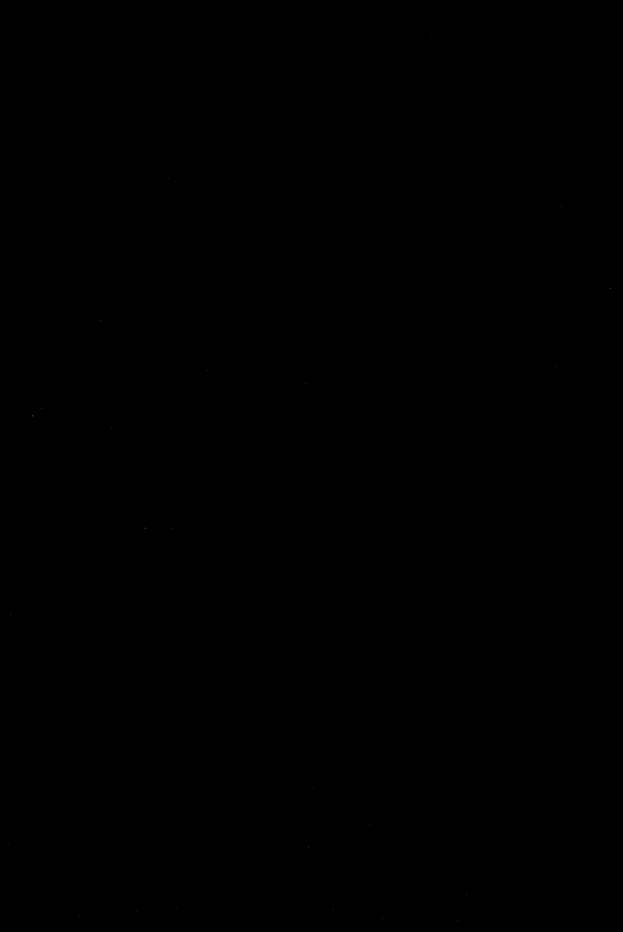

辩玉

长：17.5 cm 高：15 cm

白玉对狮

辩玉

　　玉器和其他工艺品类最大的不同，在于其市场价格的高低有很大一部分取决于原材料的价值。虽说高古时期出土的玉器基本上玉、石不分，即玉、石共存。但中古时期之后，玉和石的区别已经逐渐明显，玉的身份地位也越来越高贵。对于玉器爱好者来说，掌握玉和石的基本特征是远远不够的，只有了解各类玉种之间的关联和个性特征，才能正确判断不同玉器的价值和市场价格。

　　通常来说，玉器的价值包含材料、工艺和创意三部分。其中材料方面因其不同的矿物组成而显现出不同的物理特性，即便是矿物成分完全相同的材料，也会因产地的不同而显示出不同的质地特征。所以其价值非但不能一概而论，甚至于是一物一价，相差巨大。想要一眼就能看明白一块玉料，绝不是一件容易的事情。有些玉材完全被包裹在粗粝的外表之内，所谓"赌石"，不单单是赌运气，更多的是赌经验。但就算是做工精美的玉器，有时候也会面临玉种混淆而无法判断究竟是何种玉料的尴尬。那是由于有些玉材，彼此之间本身就很难区分，因其有着天然相似的外表特征。但是虽然它们外表相似，但其价值却可能有着天壤之别。所以，学会区分容易混淆的玉种，对于爱好者而言，不仅可以增加玉的相关知识，更可以避免花高价购买劣质产品。

　　市场上各类玉器五花八门，除了刻意造假的不法商家之外，也有以次充好、鱼目混珠的乱象。对商家而言，他们出售的也是玉器，只不过此玉非彼玉。他们用高档玉材的价格出售低档玉材制作的玉器，用一句"金银有价玉无价"即能蒙混过关。而对消费者来说，他们并非完全受骗上当，毕竟购买的也是玉器。至于什么样的玉是什么样的价格，那就必须学会自己去判断了。有些玉材因其特殊的矿物结构和物理特性，为了稳固和凸显玉的完美质地，需要经过优化处理，比如绿松石和一些玛瑙等。在不改变原材料矿物成分的前提下，这些处理方法可以很好地提升材料的色泽，稳固其某些物理特征，使材料在加工雕琢之后能展示最完美的视觉效果，这是被国际珠宝机构认可并被市场普遍接受的。然而有些商家为了牟取暴利，用人工造假的方法对一些低劣的材质进行改造，将人工处理后的材料冒充优质玉器，以混乱市场。所以对玉器爱好者和消费者而言，学会分辨经过不同方式处理之后的玉器间的区别，也是十分重要的。

黑青玉和墨碧玉

　　黑青玉是和田玉中青玉的一种，化学成分和物理特性都与和田玉类似。在强光照射下，黑青透出来的是青色光。在自然光下，最好的黑青玉看着是纯黑色的。

　　黑青玉外观和墨碧玉极为相似，也是黑如清漆的。二者区别在于，黑青玉打透光观察时，呈现出的是一种很深的青色调。而墨碧玉打透射光呈现出的则是艳丽的绿色。这是因为黑青玉致色元素是铁元素，颜色一般是灰色调的青色。而墨碧玉的致色元素是铬元素，与翡翠的致色元素相同，颜色是鲜艳的绿色。除了透光颜色，黑青玉与墨碧玉的外观密度也不同，墨碧玉的密度比黑青玉强，看起来质地致密，润度高，而黑青玉看起来更水、更透一点。另外，黑青玉

长：4.4 cm　高：13 cm

墨碧玉（远浦归舟　庞然）

黑青玉香插

通常没有黑点，阳光下及灯光下都会显出青绿色，只有在比较暗的光线下才是黑色，而墨碧玉在阳光下或很强的光源反射下则都是黑色，打透射光才会看出有绿色调。由此可知，黑青玉是和田玉中的一个特殊品种，虽和墨碧玉很相似，但却不是墨碧玉，也不属于墨玉的范畴。

黑青玉和墨碧玉因为都有相似的色调，颜色又非常接近，将两者放一起往往会难以辨别。但其实两者之间还是有许多不同之处的。从矿物成分来看，墨碧玉的阳起石含量在85%~95%之间，同时还含有大量其他杂质，导致墨碧玉有许多的黑点。其中铬元素含量明显多于黑青玉，所以墨碧玉呈现的绿色较黑青玉更为鲜艳。而黑青玉的阳起石含量在97%以上，其他杂质含量在3%以下，基本不含铬、镍、钴、钛等元素。黑青玉的致色元素又是铁元素，随着铁含量的增加，黑青玉的颜色会逐渐变深，直到黑色，所以黑青玉是没有墨点的，在阳光下的颜色呈现为青绿色的。故而墨碧玉的墨点是它独特的标志。

黑青玉作为墨碧玉相类似的特殊品种，其不同产地的黑青玉特点有下列几种：

塔县黑青玉籽料：这种材料质地有粗有细，一般出产在塔什库尔干县的河流内。在黑青玉籽料中，最细的质地勉强能达到塔县黑青山料中细料的标准，一般的籽料质地反而没有山料细。

塔县黑青玉山料：产于塔什库尔干县，质地有粗有细，但整体非常细腻，油性也好，在市场上很受欢迎。

叶城黑青玉山料：与其他材料一样，质地有粗有细。但叶城黑青玉材料特别细腻的很少见。

青海黑青玉山料：产于青海格尔木，是市场上常见的材料，有一些粗的，也有一些很细的。一般按等级称之为一细料、二细料。在青海黑青料里，质地粗的与质地细的材料相比价格悬殊。但在玉石市场上更追捧塔什库尔干黑青料，即使青海一细料，价格也比塔县黑青低。因为青海黑青料在打强光灯透光时，青色里会微微有一点闪灰。

黑青玉戈壁料：黑青玉戈壁料与其他类型的黑青玉一样，有粗有细。但这种材料的油性一般都比较好，只是有个致命缺点，即容易形成层裂，加工时很容易崩。戈壁料往往形状不是很规则，在加工过程中需要整形，比较费料。戈壁黑青料中，质地干净者少。

广西黑青玉：产自广西的一种黑青玉山料，有粗料、细料之分，但大部分质地都比较细，产量较大，属于广义范围的和田玉。具凝脂感，润度普遍小于新疆和田玉，常被用来冒充塔县产的黑青玉。

宝石与翡翠

金绿宝石：金绿宝石是一种比较复杂的铍律氧化物，名贵稀有，硬度8.5，呈半透明至透明状，最大特点是具有变色效应，即在阳光下呈绿色、黄绿色等，在灯光下则变为紫红色、红色，又称变色宝石。金绿宝石和翡翠同样是玻璃光泽，但翡翠的亮度不及金绿宝石，且翡翠没有色散性能。金绿宝石的色源无层次，翡翠的色根色源比较分明。

祖母绿：祖母绿宝石的颜色苍翠碧绿，被誉为"绿色之王"。而翡翠的颜色浓绿凝重，被誉为"玉石之王"。这两种天然矿物，质优者皆极珍贵。祖母绿硬度7.58，比翡翠坚硬，互相刻划，祖母绿能划破翡翠。如果体积相同，翡翠比祖母绿重。祖母绿透明，容易发现蝉翼和雾状包裹体，翡翠半透明，能看见杂质却无蝉翼特征。祖母绿因碱性瑕疵严重而没有韧性，碰撞容易破碎，翡翠因属纤维结构，故韧性强。

翡翠　　　　　　　　　　　　　　祖母绿

橄榄石

天河石

绿碧玺

橄榄石：橄榄石属硅酸盐类宝石，颜色包括正绿和橄榄绿，翠亮色的橄榄石为名贵宝石。硬度6.5~7，性脆，透明度高，为玻璃光泽及次玻璃光泽。浓绿色的橄榄石很似祖母绿，也似翡翠，但偏黄而少蓝味。橄榄石的绿黄色，没有祖母绿那么强烈，比较偏向翡翠的柔和。在滤色镜下看，橄榄石为绿色，翡翠为灰色。

铬透辉石：铬透辉石是透辉石中少见的优质品种，其浅绿色与翡翠十分相似。铬透辉石以有猫眼效应者为最佳，属于宝石级的名品，但不多见。因与较透明的翡翠相似，常被误以为翡翠也具猫眼效应。实际上铬透辉石大多为单晶体形，呈玻璃光泽，硬度5~6，多见为橙黄色、暗黑色，与翡翠相比还是容易区分的。

天河石：天河石是微斜长石变种，其蓝绿色和块体形状都与翡翠相似。硬度6，玻璃光泽，块体大，裂隙多。天河石具有格子色斑的绿色和白色，闪亮明丽，这是它与翡翠相区别的根本特征。

绿碧玺：绿碧玺的矿物名称是电气石，主要有浅绿、棕绿和深绿等颜色，玻璃光泽。晶体为三方晶系，全身都有均匀的横形条纹，内有蝉翼包裹体，硬度7.5，呈半透明至透明状，有静电性，能吸附灰尘。从不同方向看碧玺会出现不同颜色，这是静电和折射光反应。

阿富汗玉与和田玉

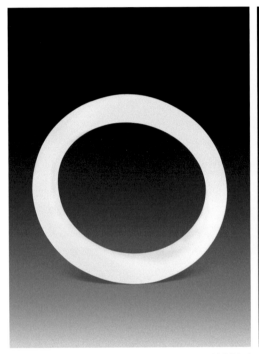

阿富汗玉　　　　　　　　　　　　　　　　　　　　　　和田玉

　　阿富汗白玉是由精美的方解石和透闪石等多种矿物成分组成，玉质优美，洁白清丽，神似新疆白玉，但价格要比新疆白玉便宜得多。阿富汗玉的玉色如凝脂，油脂光泽，精光内蕴，厚质温润，脉理坚密，水灵通透。由于价格较和田白玉便宜，故常被冒充和田玉。市面上以冒充和田籽料手串最多，因为阿富汗玉手串也很温润，且有时还会有一层皮色，很像和田玉籽料。

　　想要辨识阿富汗玉，首先应明白阿富汗玉的硬度比和田玉低，单位价格比和田玉低，晶体颗粒也比和田玉粗糙。虽然阿富汗白玉的玉质非常细腻均匀，光泽油润，肉眼看不到玉花，所以经常被用来冒充上等白玉或羊脂玉。但其实辨别的方法很简单，除了硬度较低之外，和田白玉若是达到阿富汗白玉那样的油白度，其价格绝不是常人可以接受的，那样纯净的羊脂级和田玉已是稀世珍宝，应该不会轻易见到。

　　除了价格和硬度的差别外，和田玉和阿富汗玉在透明度和色泽上也有不同，和田玉透明度较差，内部颗粒较细润，阿富汗玉则透度较好，颗粒细度不如和田玉。

另外，由于市场上有人把汉白玉、大理岩、京白玉等材料都往阿富汗玉石类别里归属，以谋取暴利，导致大多数人在受骗后便觉得阿富汗玉不是好玉，以至于对阿富汗玉产生了某种偏见。但事实上阿富汗玉是一种古老的玉种，上等阿富汗玉质感细腻，油润度和色泽与顶级和田玉相似，价格却比和田玉低得多。所以，遇到上好的阿富汗玉也是可以入手而不可错过的。

翠青玉和翡翠

翠青玉是产于青海格尔木的白玉中的一个特殊品种，通常是白色（或青白色）玉的底上出现点状、云絮状、丝柳状的翠色。它有一般白玉的凝重，又有翡翠绿色的鲜活，兼具了软硬玉的优点。作为软玉中的特殊种类，翠青玉深受消费者喜爱，其市场价格也远远超过了普通的白玉。

翠青玉呈浅翠绿色，其绿色特征似嫩绿色翡翠，与青玉、碧玉的绿色有明显的不同。这部分绿色软玉很少单独产出而是附着于白玉、青白色、烟熏紫等品种。原料的一侧或形成夹层、团块，分布常与絮状、斑点状石花有关，这在和田玉品类中十分罕见。市场上称其为青海翠玉、

高：6.6 cm　　　　　　翠青玉（信仰　王志戈）

翡翠

昆仑翠玉，但这种称呼并不规范，按国家宝玉石名称标准，应该称为翠青玉，归属于青玉一类。翠青玉主要产自三岔河玉矿的东矿带，最早发现的是散落在山坡上的皮料，之后找到了翠青玉的矿脉。带翠的昆仑玉皮料经过几千万年风霜雪雨的涤荡，翠色稳定。但因仅存于地表，产量极其有限，目前已很少见。

翠玉中的翠是含铬矿物后期浸染所致，翠色分布多呈条带状，也有呈团块状和星点状的，在矿带料中翠色往往沿裂隙分布，所以玉料赌性较大。另外，翠色偶尔也有在昆仑玉其他玉种中分布的情况，往往是多种颜色组合，因此极为珍贵。软玉中带有翠色的极为少见，俄罗斯软玉中有少量产出，但其翠色多数较闷，翠色的正阳程度不够。在新疆所属的诸多矿点中带翠的软玉尚未真正发现。

翠青玉虽然有绿色的鲜活，但其光泽仍为油脂光泽，与翡翠的玻璃光泽大不相同，还是较易区别的。

非红玛瑙和南红玛瑙

非红玛瑙   南红玛瑙

非洲红玛瑙也叫"非红"，目前进入国内市场的主要产地有莫桑比克、南非和马达加斯加。非红以粗麻皮壳为主，部分为冻皮（类似红皮料），与保山南红部分蛋料皮极为相似。但这种非红玛瑙原石与南红玛瑙的颜色结构还是有差异的，它的红色部分多在原始中间，在红色外围包裹着透明到乳白，再到蓝灰，直至灰黑色的冻料。而南红玛瑙是红色部分包裹着透明晶体，这一点即便做成了成品，也是区别两者的特点之一。

从原石形态来看，非红玛瑙完整度较高，硬度大，原料多为蛋状。而保山南红完整度低，料多裂纹，原料多为块状。还有，非红在颜色上是普遍较淡一些的红，如樱桃红、粉红、暗灰酒红、浅珍珠红等，大部分非红玛瑙的颜色浓郁度远不如南红玛瑙那般红艳，即便一部分红堪比南红玛瑙的色泽，但是极为稀少的。

非红玛瑙透明度高，在自然光下看，水透现象非常明显。内部打光可见类似朱砂点的纹理，但与南红玛瑙的朱砂点比较，却有着明显区别。南红朱砂点颗粒感强，而非红朱砂为飘絮雾状。非红玛瑙整体特性为晶包红，南红玛瑙则刚好相反，它的红色部分都在内部，外部多由白色晶体包裹着，其白色与红色透明接壤部分与南红联合料非常相似。

非红玛瑙中的马达加斯加红色水冲玛瑙，由于是在海水中，故多呈卵石形，这和南红玛瑙大部分原石的形状很不一样。另外，马达加斯加红玛瑙比南红玛瑙要通透得多，其浅红色与南红玛瑙浓郁深沉的红色是无法相比的。

硅孔雀石和绿松石

硅孔雀石 绿松石

硅孔雀石又名凤凰石，是水合铜硅酸盐矿物，在很多铜矿地区都会存在，这种由铜矿分解而成的矿物，是因为铜矿遇到含二氧化硅的水发生了化学变化而产生的。硅孔雀石不论是颜色还是形状，与绿松石都极为相似，若缺乏专业知识，恐怕难以区分。

硅孔雀石为一种次生的含铜矿物，主要产在含铜矿床的氧化带中，常与孔雀石、蓝铜矿、赤铜矿，自然铜相伴共生。此外，也常和玉髓相伴一起出现，为部分蓝色或绿色玉髓的重要内含物。硅孔雀石作为次生矿物，多数由黄铜矿、黝铜矿等受碱性硅酸盐的热溶液作用变化所形成，呈绿、蓝绿至天蓝色，常呈蛋白石或瓷釉状的块体，也有呈土状或葡萄状者。

硅孔雀石颜色较为鲜亮，透明度比绿松石要高，但硬度只有2~4，比绿松石要低，质地也非常脆。另外，硅孔雀石加热后颜色会变成暗黑色，而绿松石则不会，这是区分硅孔雀石与绿松石的重要特征之一。

鸭蛋青和沙枣青

鸭蛋青属于俄罗斯碧玉山料，沙枣青属于青玉籽料。两者都是和田玉，且都是和田玉中极为珍贵的品种。

鸭蛋青（雨 王志戈）

长：2.5 cm　高：8 cm

沙枣青（含香 范同生）

长：2.5 cm　宽：2.5 cm　高：10 cm

鸭蛋青的颜色范围较宽，从闪绿到闪蓝、绿灰到蓝灰都可以被定义为青色的范畴，以青中带蓝，即粉青为上品。沙枣青的颜色像新疆的沙枣树，青中泛蓝，或者说是一种粉蓝色，看上去有沙的感觉，泛着绸丝光泽，非常细腻耐看。鸭蛋青属于透闪石玉，而沙枣青属于直闪石玉，两者的玉质结构细度都相当不错，总体而言，沙枣青的油性比鸭蛋青好，有独特的丝绢光泽，玉质也更细腻。

鸭蛋青指的是密度特细，在灯光下看不到结构的材料。颜色均匀者为上品，同时还要看颜色的浓稠度，即水透和油透。水透具有较强的透光性，有时呈半透明状，这是因为材料的交织不够，容易起性，雕琢时易崩口，材料透光时闪着水绿，这是比较低端的一种鸭蛋青。油透是因为交织充分，感觉似透非透，好像浮着薄薄的一层油光，即使在弱光下，吃光也较深，呈现着细腻油润的玉质。一般来说，发干的鸭蛋青很少或者几乎没有，相比其他色系的和田玉，鸭蛋青比较纯净，几乎没有黑点。而皮裂、色斑、生长纹、水线是最容易在鸭蛋青中见到的瑕疵。真正的鸭蛋青硬度大于和田玉籽料。

沙枣青属于青玉籽料，材料中直闪石成分含量比较高，有些由于直闪石晶体排列整齐的缘故，会呈现出丝绢一样的条状结构。玉质独特，其细腻度往往比普通的青玉要高很多，好的沙枣青特别像极为细腻的绿豆沙，浑厚而细腻，看着软糯如脂，有些甚至打光后也难见其结构。摸在手中感觉有种抛磨砂光的感觉，细腻而微微滞手。沙枣青的韧性很好，交织程度高，细度好，外表看起来圆滑，但透光性比较差，其丝绢状纹理是鉴定沙枣青的一个重要方面。

玉髓和玛瑙

玉髓   玛瑙

玉髓与玛瑙是同一种矿物，但也有区别。玉髓的一个显著特点就是通透如冰，好的玉髓其通透性可以达到翡翠的玻璃种，这也是玉髓与玛瑙最大的区别。有条带状构造的隐晶质石英就是玛瑙，没有条带状构造、颜色均一的隐晶质石英就是玉髓。

由于玉髓与玛瑙的构成物质同属于石英质（主要是二氧化硅），所以很容易将玛瑙和玉髓混为一体，但实际上玉髓和玛瑙因为形成的条件不同，所以内部结构也大有区别。虽然玛瑙大都具有块体大颜色丰富的特点，但透明度不是很好，且玛瑙呈同心层状和规则的条带状。而玉髓属于含水石英的隐性晶体，与水晶更为接近，玛瑙却是脱水二氧化硅的胶凝体。所以玉髓的通透感很强，而玛瑙与之相比就要逊色得多。

和田黄玉和宝石黄玉

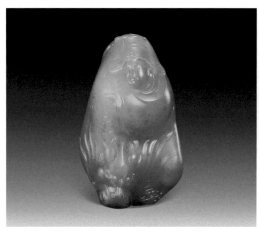

高：4.2 cm

和田黄玉（状元及第 张克山）

珠宝黄玉

和田黄玉是新疆和田玉的四大主色玉之一，晶莹剔透、柔和如脂，质地细腻、滋润，以色黄正而为上品，润如脂者更是价格不菲。和田黄玉稀有罕见，是玉中的珍品，产量很少，可与羊脂玉相媲美。和田黄玉硬度 6.5，质地致密细润，韧性极强，具有典型的油脂光泽，光芒内敛，是典型的气成热液矿物，产于花岗伟晶岩、酸性火山岩的晶洞、云英岩和高温热液钨锡石英脉中。

和田黄玉产于新疆昆仑山、阿尔金山一带的且末地区，极为稀少，产出块度也较小，主要有淡黄、甘黄至黄闪绿色。和田黄玉的颜色一般比较淡，黄色鲜艳，浓艳的极为罕见，优质黄玉价值高于羊脂白玉。和田黄玉基质为白玉，因长期受地表水中氧化铁渗滤在缝隙中形成黄色调。

黄皮沁和田籽料能称为黄玉的必须是里面的肉质也被沁色为黄色，内外色一致，不露白，且黄色不是由外向内变淡的才能称为黄玉，否则就只是和田黄皮籽料。一般而言，黄皮沁籽料的黄玉较为常见，而黄玉原生籽料则稀少得多，两者的区别在于硬度和皮色。黄皮沁籽料的硬度远低于黄玉原生料，也低于一般的仔料。黄玉原生籽料除了玉质是黄色之外多半带褐色皮或红皮，而黄皮沁籽料的黄玉则内外色调统一均为黄皮色。

宝石黄玉，也称黄晶，是矿物学名称，珠宝界常称之为托帕石，为英文 Topaz 的音译，是一种含氟铝硅酸盐矿物。由于容易将黄玉与黄色玉石的名称相互混淆，所以市场上多采用英文音译名称托帕石来标注宝石级的黄玉。

托帕石产地分布全世界，有巴西、缅甸、美国、斯里兰卡、墨西哥、萨克森、苏格兰、日本、乌拉尔山脉等地。透明度高，呈玻璃光泽，硬度8，常见无色、淡蓝、蓝、黄、粉、粉红、褐红、绿等颜色。典型的托帕石为葡萄酒色或淡黄色，但也有可能是白色、灰色、蓝色、绿色的。无色的托帕石经过精良的切割加工，常被误认为是钻石。有色的托帕石可能较不稳定或因日照而褪色，其中优质的深黄色最为珍贵，颜色越黄越好。其次是蓝色、绿色和红色。

价值最高的托帕石是红色、雪梨酒色、褐色，其次是蓝色。另外，现今市场上的托帕石分为天然托帕石和优化改色托帕石两类，天然无改色的大块托帕石市场上并不多见，而优化改色托帕石因其在优化过程中未添加任何其他物质，故在珠宝鉴定上仍将其认定为天然宝石。最多见的是蓝色和粉色的托帕石，其中部分是由原石无色或褐色的托帕石经过辐射和高温优化改色而成。天然颜色的艳丽粉色、蓝色托帕石在国内比较少见，在国际上价格亦是不菲。

青花玉和青花籽料

青花玉是一种常见的玉种，是和田玉中颜色黑白相间的玉石，色泽比点墨和聚墨要黑。

传统意义上的墨玉是专指白玉和青玉被石墨沁入形成的玉石，既是墨玉，自然越黑越好，但必须要有玉质。大部分墨玉都是灰灰的，不黑不白，这种玉料称作青花。一般而言，青花玉的玉质相当细腻，脂感很好，其中黑白分明的青花玉尤为珍贵。

青花玉（暗香水丞 冯铃）

长：4.7 cm　高：5.7 cm

青花籽料（对牌 冯铃）

长：3.8 cm　高：8 cm

　　青花玉分为青花山料和青花籽料两种，青花山料产自青海格尔木的叶城，青花籽料产自新疆卡拉喀什河流域。两种玉的矿物成分完全一样，都属于和田玉，但价值有所不同，青花籽料的价格要高于青花山料。

　　青花籽料是和田玉墨玉中的一个不完善品种，属于致色不完全的墨玉。从整体外观来看，在玉石白色的基底上呈现出斑斑点点的黑色，黑白分明的青花籽料俗称为黑白子，其中"白如宣纸黑如墨"者为上品。青花籽料的形成是由于白玉被石墨矿物沁入，石墨聚合得浓密细腻，玉石就会呈现出外表浓黑醇厚的色泽，其墨色部分呈散而不聚或云雾状或条带状的黑纹。

　　青花籽料与青花山料的黑色部分是石墨物质，其含量及分布的不同导致了它们原材料不同的色泽形态。如果黑色的部分占到玉石整体的99%，就称之为青花墨玉。若黑色部分低于99%，并呈黑白相间颜色分布，或者黑色多于白色，就称之为青花玉。青花玉是由墨玉和白玉两种颜色的玉组合而成的一种整体叫法。

青花籽料和青花山料的辨别方法最主要的就是依据材料中的墨色分布情况来看的。青花籽料的墨色分布以云雾状、片状、丝状为主，表面看起来是比较聚拢或自然飘散的，墨色比较稳重纯净。青花山料的墨色则是以点状聚合式分布的，整体上黑色为块状，放大镜下观察可见墨色是由一个个点状墨点密集而成，并且里面会夹杂着一些银沙物质，即亮闪闪的细沙点，而这种"银沙"点是青花山料中普遍存在的，是青花山料的特征。另外，青花籽料的油性比较好，料质细腻，颜色比较分明，边境清晰。而青花山料的黑白分布边境模糊，料质相比青花籽料稍显疏松且略干。

市场上青花山料常被人为经过滚筒仿制成青花籽料，这种材料外皮部分颜色不自然，油润性也不如青花籽料。还有一种极易与和田青花玉混淆的是青海青花，通常来说，青海青花给人一种冻冻的感觉，几乎看不到墨点。青花山料的墨是融在玉石里面的，有的可呈现出紫色光晕。

巴山玉和翡翠

巴山玉　　　　　　　　　　　　　　　　翡翠

巴山玉作为翡翠的伴生矿物，虽然其主要矿物成分为硬玉，但和真正的翡翠有着本质上的区别。由于巴山玉具有中粒和粗粒结构的特征，有利于进行人工处理。经酸处理后的巴山玉能改善其透明度，注胶亦能使其增色，故被大量用来以翡翠 B 货的面目出现在交易市场上。

经人工处理后的巴山玉在结构上以玉石的边部、表面或裂隙发育的区域改变最明显，遭受破坏的程度也较深。而玉石中心或原本致密、裂隙少的区域受破坏的程度较小，这使经处理后的巴山玉具有不均匀的特点。处理后的巴山玉的颜色仍为原生色，只是经酸性溶液的浸泡，基底变白了，绿色也有些发黄，很像翡翠中浅色的菠菜绿，但看起来不自然，形状由天然团片状、条带状向斑点状、柳条状和碎块状转化，凌乱且有飘浮感。

巴山玉原石多为不透明至半透明，但因为裂隙多且分布广，处理的程度较深，处理后的玉石可达半透明至透明，整体润泽度接近优质玉石，但细腻程度仍较差。改善后的巴山玉硬度下降很多，巴山玉原料的硬度本来就比翡翠低，经过处理后的硬度由于先天质地疏松和后来酸漂洗等因素，下降至平均6.6左右，但其中也不乏接近翡翠硬度的。巴山玉的光泽在人工处理后有很大提高，可达玻璃光泽，但光亮程度不如天然翡翠，接近翡翠B货，带有树脂或油脂的感觉。

翡翠是以硬玉为主的辉石类矿物组成的纤维状集合体，也就是说80%都是硬玉，是在二氧化硅成分不足，以及一定的温度和超高压的条件下生成的。巴山玉处在翡翠矿体的边缘，要有大量的二氧化硅才可以形成，所以虽然也是以硬玉为主，但就密度、硬度和韧性等物理性能来说，翡翠都要高于巴山玉。

天然巴山玉底偏红，常带有紫罗兰色，或底为淡淡的绿色、浅灰色，其内部带有黑色、蓝灰色斑块，绿色呈斑状、块状、条带状分布，但不够明艳。天然巴山玉水头较好，晶莹感强，但结构不致密，多玉纹，即天然的隐形裂纹，晶粒粗，结构疏松。

人工处理后的巴山玉与翡翠B货的相似之处在于比重较低，结构不致密，多天然隐性裂，敲击声发闷，很容易将其鉴定为B货。而它们的不同点在于翡翠B货是经人为方法用强酸处理，结构已被破坏，其浅层结构变得松散，翠性不明显。但巴山玉结构为似斑状变晶结构，虽然颗粒大小相差较大，但结构完整，不松散。另外，翡翠B货为蜡状光泽，感觉沉闷，而巴山玉为玻璃光泽，十分明亮。再者翡翠B货绿色较鲜艳，飘浮不实，无色根，但巴山玉飘灰兰花颜色实在，且有根，翡翠B货有胶质峰，巴山玉则没有。

值得注意的是手镯是巴山玉的主打产品，底色多呈乳浊白色、浅绿色，半透明状，常有绿、暗绿色飘花。紫外光下呈蓝白荧光，具稻田干裂结构，敲击玉体声音沉闷。由于巴山玉手镯晶莹通透，常飘蓝花，很是美观，且价格低廉，在市场上很受欢迎。

鸡血石和鸡血玉

鸡血石

鸡血玉

　　鸡血石与鸡血玉最大的不同就是"血"的部分，鸡血石的"血"是辰砂，即硫化汞，属于汞化合物。而鸡血玉的"血"是含铁的氧化硅。前者对人体有害，后者对人体无害。

　　鸡血石为朱砂，即硫化汞渗透到高岭石、地开石之中而缓慢形成，是两者交融、共生一体的天然宝石，有的鸡血石还含有"橄榄石"辉石凝结，十分珍贵。

　　鸡血石硬度2~3，石中时常带有水银斑及少量的石英颗粒突起物，主要成分除硫化汞外，还含有少量的致色元素铁、钛等，这些致色元素含量的多少是鸡血呈现不同红色的主要原因，含量多则血色呈暗红色。另外，鸡血石也含有不同的感光元素硒、碲，这也是鸡血在光照和热烤下褪色或变色（呈现暗红）的主要原因。

鸡血石按产地划分可分为昌化鸡血石、巴林鸡血石和其他产地鸡血石三大类。巴林鸡血石是指产于内蒙古巴林的鸡血石，质地细腻滋润，透明度好，血色淡薄娇嫩。昌化鸡血石又可分为冻地、软地、刚地和硬地四大类。其中冻地鸡血石为玻璃冻、羊脂冻、牛角冻、桃花冻等，微透明或半透明，硬度2~3；软地鸡血石硬度2~4；刚地鸡血石是高岭石、明矾石岩经后期硅化的产物，硬度4~7；硬地鸡血石是成矿过程中硅化作用的产物，地质学名为辰砂硅化凝灰岩或含辰砂硅质岩，主要成分二氧化硅，其硬度7。

桂林产鸡血玉的主要成分是二氧化硅，硬度6.5~7，是一种以鸡血红色为主色调的碧玉岩。颜色有鸡血红色、紫红色、浅红色、褐红色、枣红色、棕红色等，且还有不同的底色，如全红带金黄、纯黑、白色作为衬托，色间搭配极佳，质地优良。

桂林鸡血玉主要是隐晶质结构及显微晶质结构，玉质细密滋润细腻，抛光性能良好，玻璃光泽，是一种极好的雕琢加工的原材料，也是与鸡血石完全不同的材料。

黄龙玉和黄蜡石

黄龙玉   黄蜡石

黄龙玉最初曾被称为黄蜡石。黄龙玉主要化学成分为二氧化硅，硬度6.5～7，具有稳定、耐磨、耐久的物理性能。其质地细腻坚韧，很适合玉雕创作。之所以被称作黄龙玉，就是因为它出产于龙陵，又以黄色为主色调。黄龙玉外表具有蜡状、油脂状、亚玻璃状等光泽特征，品种丰富，色彩多样，以黄为主，以黄为贵，以黄红为主色系。上等的黄龙玉具有田黄石般的颜色特征，同时拥有和田玉的温润感和翡翠的通灵感，十分赏心悦目。

黄蜡石又名龙王玉，它被称作黄蜡石是因为这种石头的表层熔融的情况而导致覆有油状蜡质，加之以黄色为主，故此得名。黄蜡石是一种具有更大外延的概念，是各种以黄色为主色调的显晶质石英岩的统称。而黄龙玉则是由黄蜡石中隐晶质的玉髓及部分玛瑙石所形成，换句话说，黄龙玉是黄蜡石中玉化程度良好，达到玉石级别的黄蜡石。其二氧化硅晶粒细微，具备质地细腻、温润灵动、美观、稀少、耐久等条件。黄蜡石的产地很多，云南、广东、广西、福建、浙江、山东、河南等地都有出产。

从外观上可以看到黄蜡石的表面是一种蜡质的光泽，而不是那种玉石的清透之感，它不会显出那种玉石所特有的透明度。而黄龙玉则一眼就可以看出它的"温润灵性"，因为它自身所有的透明度和光泽感，有一种温润清凉的感觉，而非黄蜡石所表现出来的那种钝感。

黄蜡石虽然与黄龙玉在成分组成上有一定的相似之处，但是由于它始终只是一种石头，所以还是不能与黄龙玉相提并论。黄蜡石是石头，呈现出的是石性而不是玉性，会显得比较干涩，没有油润感，再加上它的不通透性，更使得黄蜡石看起来缺乏灵动感。而黄龙玉作为一种玉石，则具备了玉石所独有的温润质感。

绿松石的优化处理和人工处理

优化处理　　　　　　　　　　　　　　　　人工处理

绿松石的优化处理是在市场的需求下产生的，毕竟，达到瓷松级的绿松石少之又少，大多数的绿松石原矿硬度都比较低。硬度低的绿松石原矿一遇到坚硬的锯刀、钻具就会破碎，根本不可能直接拿来加工，只能通过技术方法进行改造。于是，就产生了绿松石的优化处理方法，我国对绿松石的优化处理方法很多来自美国，据说美国的绿松石90%以上都是经过优化处理的，可见美国对绿松石的优化处理不仅起源早，且应用普遍。

但绿松石的优化处理和人工处理是完全不同的两回事。优化是指一些传统的被人们广泛接受的方法，这种方法能够对绿松石起到保护作用，有时也用于遮盖绿松石的缺陷。最新修订的国标中规定，经过人工处理的绿松石制品在出售时必须要明示给消费者，而经过优化处理的绿松石制品则不需要明示。

优化处理：绿松石的优化处理就是过蜡。过蜡是绿松石成品完工前的最后一道工序，这样的好处是增强绿松石制品的光泽度，尤其是铁线的地方，还可以对绿松石起到保护作用。由于虫蜡封住了绿松石的孔隙，使得绿松石不易改变颜色，也可以避免汗水、污渍等对它的侵蚀。

优化处理

人工处理：

浸胶：就是把绿松石原矿或半成品浸泡在树脂里，一般是几个小时或几天，等绿松石完全吸收了树脂，拿出来放进烤箱加温，以促使绿松石吸收的树脂固化，也有把浸胶的处理过程称之为固化处理。经过浸胶处理过的绿松石原矿结构比处理前要坚固得多，特别是铁线的连接处，比之前连接得更紧密。浸胶过程中用到的树脂的质量决定着浸胶后绿松石的品质，天然树脂是从自然植物中分泌出来的，不含有化学元素，对人体没什么伤害。目前市场上这种天然树脂已经被

人工处理

国内透明的人造树脂所代替，人造树脂是由人工合成的一种高分子聚合物，虽然质量比不上天然树脂，但这种透明的树脂不会改变绿松石的原有颜色，只会把之前比较淡的颜色加深一点点，使得颜色更好看。这种处理方法适用于硬度等级介于硬松和面松之间的绿松石原矿。

灌胶：也称为"注胶"。这种方法相对于浸胶来说复杂一些，需要必备的设备。这里的"胶"是一种带有颜色的人造绿松石材料，这种材料用高温熔化后，把泡松和白松加进去一起放在密封罐里，用真空泵抽完空气，再经过高温高压的处理，即可完成。用灌胶处理后的绿松石保留了"胶"的颜色，与原来的颜色有很大的差异。灌胶中的白松，其实是一种和绿松石结构形态很像的石头，但和绿松石不是一个家族，它不像绿松石那么珍贵，足迹遍布全国各地。而这种廉价的石头经过灌胶染色后，就被当成绿松石制品。

所以说，绿松石的优化处理是被广泛接受的，这种方法不仅可以增加绿松石天然的美感，还能对绿松石起到一定的保护作用。但人工处理可以算是一种造假，带有严重的欺骗行为。

天然绿松石与合成绿松石

绿松石有不少是经过优化处理的，但那只是在绿松石原矿的基础上做加工。而合成品则是指全部或部分由人工合成的无机物，它和天然绿松石在物理性质、化学成分、原子结构等方面虽不能做到完全一样，但都非常相似。绿松石合成品从外表看和天然绿松石十分想象，甚至有些比真正的绿松石还要漂亮。

鉴别合成绿松石最直观的就是看颜色。合成绿松石颜色均匀单一，呆板不生动，毫无特点。天然绿松石颜色丰富，分布也不均匀。追求过于完美的绿松石，极有可能材料是不真实的。另外从质地上看，合成绿松石的成分都很均匀，天然绿松石则含有较多杂质，这些杂质集结成很细小的斑块，或纤细的脉纹填充在绿松石的空隙间，在放大镜下还可以看见石英微粒集结成的团块、褐色铁矿的细脉斑块和不均匀的褐铁矿浸染等。另外，绿松石的铁线是它区别于其他玉石的特点之一，看铁线的分布和形态也可以鉴别合成绿松石。绿松石合成品的铁线纹理、线条比较均匀、生硬，没有立体感，一般都分布在表面。即使在铁线交叉的地方，也没有凸起，反而看起来更为细腻，用手摸起来很光滑。而天然绿松石铁线、线条的分布自然天成，没有那么均匀，且是凹进去的，用手摸起来有凹凸感。

直径：6.8 cm

绿松石螭龙纹手镯

还有一些与绿松石相似的玉石，比如三水铝石、磷铝石、天蓝石、硅孔雀石、红线松、草松、非洲松、帝皇石等等，其中有一部分已经被做成绿松石的仿制品，甚至直接冒充绿松石。

对于处理过的绿松石，也有几种方法进行鉴别，比如水测法。由于天然绿松石遇水之后颜色会变深，测试的时候可以把绿松石在清水中蘸一下，没有经过处理的绿松石水分会立刻吸收，而经过浸蜡或是浸胶处理过的绿松石吸水会比较慢，如果是经过灌胶处理的绿松石则完全不会吸水。然后再看颜色，天然绿松石吸水后颜色会慢慢变深，处理过的绿松石颜色完全不会有变化。

合成绿松石

天然水晶与人工水晶

水晶分为天然水晶和人工水晶。天然水晶的价值，主要在于其矿石磁场对人体的功能作用。天然水晶与人工水晶可以从颜色上来区别，如天然紫色水晶的颜色分布不均，呈不规则的片状展布，有气液包体。而人工合成的紫色水晶颜色均一，且中心有子晶晶核。天然黄晶和烟晶的颜色，如果是橘黄色和蓝色，则是经过人工改色的。改色水晶与天然水晶的区别就在于改色水晶的颜色鲜艳均一，其中看不到不规则的片状色团。若对着太阳观察，天然水晶无论如何都可以看到淡淡的、均匀细小的横纹或柳絮状纹理，而人工水晶一般是用残次水晶渣或玻璃熔炼再生，并经磨光着色仿造而成，对着太阳光看不到均匀的条纹和柳絮状纹理。在阳光下天然水晶无论从哪个角度看，都能放射出美丽的光彩，而人工水晶则没有这种光彩。

天然水晶的手感温度要比人造水晶凉得多。用眼观察，天然水晶通常有棉絮状的包裹体，这是人造水晶所没有的特征。对于紫水晶黄水晶这样的单

人工水晶

色水晶，通常要观察它的二色性，即使是最顶级的紫水晶和黄水晶也是有色差的，通过这个方法可以鉴别是否加色。天然的水晶一般都会有絮状（绵绺），也就是所谓瑕疵，这是液体流失和二氧化碳的小孔穴，而人工合成的水晶就不会有这样的特征。一般来说水晶石越大越好，越透越好，颜色越娇嫩越好，形状越典型越好。但颜色亮丽，质地完美无任何瑕疵的水晶，最好还是需要在科学仪器下进行检测。

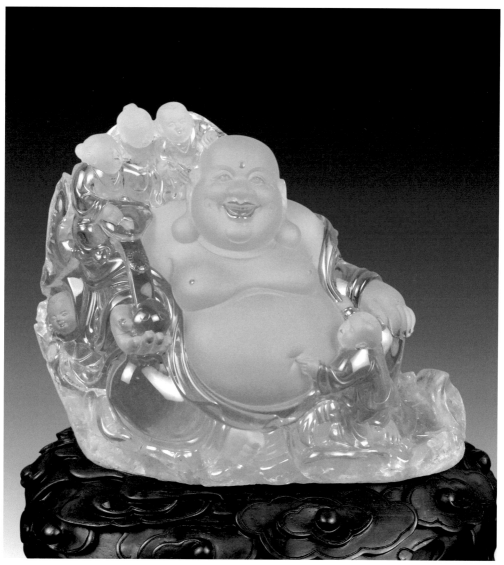

长：22 cm　宽：8 cm　高：16 cm

水晶（弥勒佛　王东光）

长：6.8 cm　高：5.6 cm

紫水晶瑞兽

水沫玉和翡翠

　　水沫玉是翡翠矿脉伴生的玉石，主要矿物成分为钠长石，其次还有少量的辉石矿物和角闪石类矿物。水沫玉是一种水头极好、呈透明或半透明的钠长石玉，颜色总体为白色或灰白色，具有较少的白斑和色带，分布不均匀，有色调偏蓝的色带者称为"水地飘蓝花"，常被用于制作手镯及其他饰品。

　　水沫玉在一些形态特征上与翡翠十分相似，加之其原材料与翡翠矿脉相伴相生，常被误认为是翡翠的一个变种，这是完全错误的。实际上水沫玉和翡翠看上去无论有多少相似之处，也是毫不相干的两个玉种。就市场价格而言，水沫玉和翡翠的差距也有百倍之远，如果将水沫玉错当作翡翠，不是纯粹为水沫玉的外形所迷惑，就是受到了不良商家的误导。

　　区别水沫玉和翡翠的方法有几种，一是可以在放大镜下观察，水沫玉的主要成分是钠长石，不显翠性，且有较多白色棉絮状物。二是手感，因水沫玉的密度比翡翠要低，所以同等大小的水沫玉和翡翠相比，有明显的轻飘感。三是颜色，水沫玉的颜色看似丰富，实际上仍然以无色透明为主，而翡翠有明显的颜色过渡，水沫玉则没有。另外，水沫玉有一个明显特征，就是气泡串，通常是非常细小呈平行状，粗看像结晶纹，是只有在放大镜下才能辨别的小气泡串。它们往往整串排列，若被杂质充填后就形成细小飘花，这是水沫玉独有而翡翠则没有的特征。

水沫玉　　　　　　　　　　　　　　　　　　翡翠

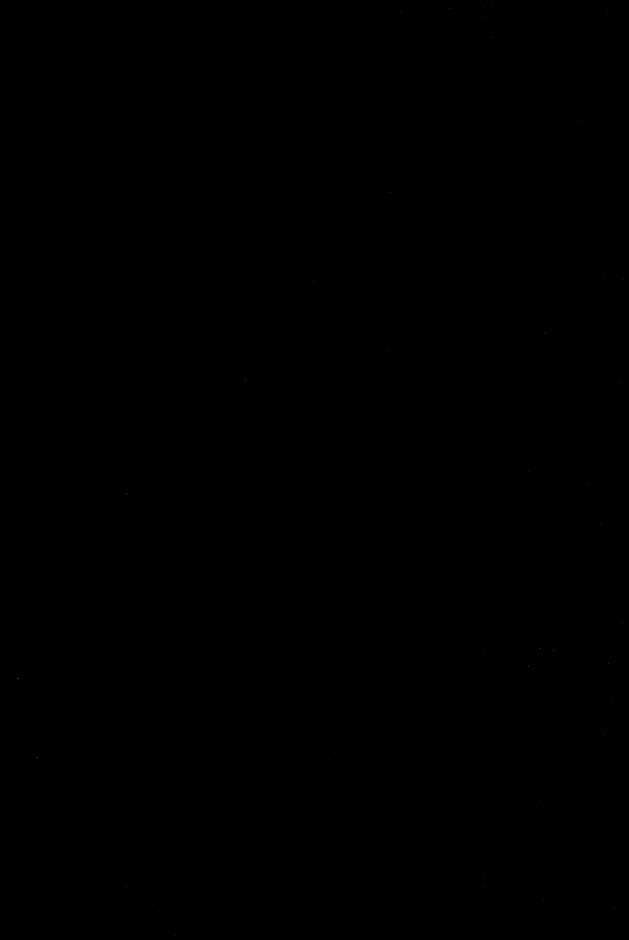

琢玉

◎ 北京玉雕

◎ 海派玉雕

◎ 扬州玉雕

◎ 苏州玉雕

◎ 南阳玉雕

◎ 辽宁玉雕

长: 11.5 cm 高: 24.5 cm

绿松石双龙耳罍

琢玉

　　玉不琢不成器，中国人对玉的认知，源于古代玉器的诞生和成长的全部过程，涉及历朝历代的宗教信仰、典章制度、社会道德，以及对清玩的鉴赏收藏等诸多观念意识、风尚习俗及其社会实践。在这一高高而典雅的传统观念影响下，历代治玉业经久不衰，雕琢了难以计数的精美玉器，是一份极为丰富的宝贵遗产。

　　琢玉属于工艺美术的范畴，与绘画雕塑等其他艺术形式不同，但其首先是取决于材料。琢玉工匠们往往先根据材料的性能、特点，再采用相应的技术制造出器物来，所谓"因材施艺"。研究一件玉器的价值，除了要了解其材料的性能、特征、产量、价格等因素，还要了解不同时期各类玉器的历史特征、雕琢技艺、治玉手法等。我国所产的玉石品种名目繁多，又各有千秋。虽以和田玉最为珍贵，最受尊崇，并成了最贵重的玉石雕琢材料，但它并未完全取代其他各种玉石，反而与其他品种玉石长期地和谐共存。

　　随着玉石的来源不断扩大，治玉工具的不断改进，尤其是现当代科学技术的迅猛发展，几千年传承至今的琢玉技艺在沿袭文化传统的基础上，更是有了翻天覆地的变化。各类玉器的社会功用早已不再是帝王将相的专宠，如同现今社会人人平等的众生相，玉器清玩也已进入寻常人家，琢玉工艺则尤显百花纷呈、各显神通的时代精彩。

　　对当代治玉工匠来说，完成一件玉器的雕琢，已不仅仅只是传承一种手艺，很多时候是借以不同的玉石材料和治玉手法来表达对这个世界的认知，实现一种独立的自我价值。所以，赏玩一件玉器，除了了解最基本的材料特征，还需了解琢玉的技术工艺和艺术价值。玉器承载着中国几千年的文化传承，无论社会历史的发展如何沧海桑田，都能在一件小小

长：11.58 cm　高：19.8 cm

白玉兽首鬲

的玉器上看到历史文化的脉络，而这就是不同时代的治玉工艺所体现的社会特征。所谓"料好工必佳""好工配好料"便是对一块玉石原料以精湛的雕琢工艺使之蜕变成完美玉器的简单概括。

中国当代玉雕工艺，从大的流派来说，可分为南北两派，北派以北京为代表，涵盖辽宁、天津、河北、河南、新疆等北方各省市，南派则包括长江沿岸及以南地区，并分为几个支派，包括以上海为代表的"上海工"，以苏州为代表的"苏州工"，以扬州为代表的"扬州工"，此外还有"广东工"和"福建工"等。只有了解了不同地区玉器工匠的琢玉风格，才能真正理解一件玉器的存世价值和收藏价值。

北京玉雕

北京玉雕历史悠久，早在新石器时代的山顶洞人，就用玉器作为妇女的装饰品。在以后的漫长岁月中，历代繁衍，逐渐形成工艺精湛、造型优美的玉雕艺术。北京是史前人类活动比较早的地区，约在 6500 年前，在永定河以东出现了镇江营一期文化和上宅文化。北京建城的历史从西周初期开始，北京玉器业的历史当从琉璃河燕都和广安门蓟都开始，可以说北京玉雕是原宫廷玉雕工艺的继承和发扬。

京作玉器是以北京为中心的玉作工艺风格的代表，也可以说是北方玉器的代表。京作玉器造型浑厚庄重，圆雕和浮雕的作品较多，图纹工艺亦比较复杂。如故宫博物院收藏的各类仿古玉和时作玉，均呈现出一种高贵典雅的气质和悠然洒脱、落落大方的京城风貌。尤其是动物形圆雕，无论是兽类，还是禽类，大都丰满圆润，刻画得敦实健壮。器皿类则较为厚重、平稳，虽然有时也作花草缠绕、盘根错枝的艺术处理，但仍不失其淳朴、端庄的地方特点和舒展开朗的北方气息。

现代玉雕的风格都带有地域特征，无论是南方玉雕的细腻精巧，还是北方玉器的粗犷雄健，其工艺都是精湛的。北京玉雕也是如此，作品雕琢规矩、线条流畅、纹饰精美、圆润光亮、技艺精湛，无不使人心生感叹。作为中国的三朝古都，北京玉雕业的发展起兴于元代，元代大都官营手工业中已经有专门制作玉雕的玉工司。到了明、清两代，官府玉作则分别隶属于御用监和造办处，在相互交流融汇中逐渐形成了独具特色的北京玉雕，称为"北玉"。如果将中国拥有玉器的人数与文明程度相联系，就会发现拥有玉器人数越多的时期，其社会文明程度就越高。而北京玉器的需求者大多是宫廷权贵，制品多为宫廷作坊工匠制作，极少民间工匠所作，故素来以庄重古朴、稳重大气的风格为主，且做工精细。

北京的治玉史将近800年，元代是北京玉雕的发端期。元代西征的过程中掳掠了很多工匠，他们的到来初步奠定了元代北方手工业的基础。元灭宋之后，又控制了中原与南方的手工业，这无疑大大扩充了元代的手工业规模。至元世祖忽必烈建大都于燕京，元大都所在地燕京及其周边腹地已然成为全国手工业的中心和官营手工业中心。因此，元代是中国南方以及中国与西方文明在手工业领域的大交融、大汇集时期。从元建大都起，北京逐渐成为全国的政治、文化中心。为了满足内外交往及王公贵族的需要，中国玉器之精华均集于北京，加上美玉良师、能工巧匠荟萃北京，北京治玉业进入了地利、人和的发展时期。

北玉作则以北京为中心，自金元定都于此而发展起来，形成以北京为中心的北方治玉集散地。北玉作风格雄浑大气，强调形式、气韵以及如何突出玉料的特色。在体量上、风格上

长: 56 cm　宽: 40 cm　高: 71 cm

含香聚瑞花熏　翡翠

含香聚瑞花熏（局部）

极具皇家风范。除了表象上的南北差异，北玉作还隐藏着一种特殊的地域特征和文化语义。以金元起始的、被赋予帝王趣味与意志，又设在制度严格监管之下的以"官匠"玉作为主流，民间玉作为补充，役、佣结合，东西方文化并蓄，同时兼容西域、中原、南方玉匠技艺的北方玉作，从源头上就被当作是一种统治者把征服与融合相兼，技艺与尊严并行的精神文化起点，因而更具至尊与高贵的隐喻。皇权主流文化的示范性和中心性也更加显著，明清时期的宫廷玉作，延续并强化了这种意志和范式。

说到北京玉雕，不得不提 20 世纪 80 年代由北京玉器厂老、中、青三代玉雕巧匠集体完成的国务院交办的"86 工程"项目。这个"86 工程"是指因历史原因留存下来，又经国家物资储备局近三十年封存完好的四块翡翠巨料，被中国工艺美术大师们雕琢成四件翡翠国宝的工程，国务院要求在 1986 年完工，遂被定名为"86 工程"，也称国宝工程。此工程从设计到竣工历时 8 年，汇聚了国内外 30 多位专家学者、艺术家和能工巧匠，并由北京玉器厂老玉雕大师王树森带队，由 60 多名身怀绝技的玉雕技艺人员合力制作、精心雕琢而成。作品完成之后，国务院组织召开了大型翡翠艺术珍品鉴定验收会，这四件翡翠作品原料之贵重、创作之精美，为古今中外所未有，鉴定验收委员会专家们一致认定四件大型翡翠玉器含香聚瑞花熏、四海腾欢插屏、岱岳奇观、群芳揽胜花篮为国家级珍品。

20 世纪初名震京城玉雕界的老艺人，被称为"北京四杰"的潘秉衡、王树森、刘德赢、何荣四位大师，带出了更为生龙活虎的玉雕人才，如高祥、张志平、吕昆、李博生、陈长海、蔚长海、宋世义、郭石林、柳朝国、袁广如、宋建国等，都在 20 世纪 80 年代大显身手，由北京的这些老中青三代大师所组成的创作团队，合力完成的国宝珍品，不仅代表了北京玉雕的创作实力，也已成为一个时代的象征。而国宝工程又锻炼、培养和鼓舞了年轻的一代，像杨根连、崔奇铭、姜文斌、王希伟，以至更为年轻的张铁成、苏然、赵琦、田健桥、李东等，这些玉雕人才如长江后浪推前浪般源源不断地成长起来。

北京玉雕源远流长，技艺精湛，雄浑大气，庄重规范，常以大件和摆件为主，在人物、山子、器皿、花卉等品种上都有独特的风格和气质。在制作上量料取材，因材施艺，尤以俏色见长，素有工精料实的美誉，并以极具特色的"金镶玉"技艺和薄胎"水上漂"技艺等在全国独树一帜。汇总起来，北京玉雕虽经过漫长的历史演变，由宫廷玉雕而逐渐民间化，但气势依旧，现代作品仍张扬着那种"天子脚下"的宫廷魅力，这是一代代传承下来的工艺精华。北京玉雕的表现形态多种多样，器皿件、佛造像、仕女、禽鸟花卉、瓶素和薄胎都精妙绝伦。在创作上更注重文化内涵，作品有寓意、有故事。北京玉雕执着于形象表达情感思想的艺术创作，对材料的选择不拘一格，所谓"作品无小器，可远观又可近玩"。

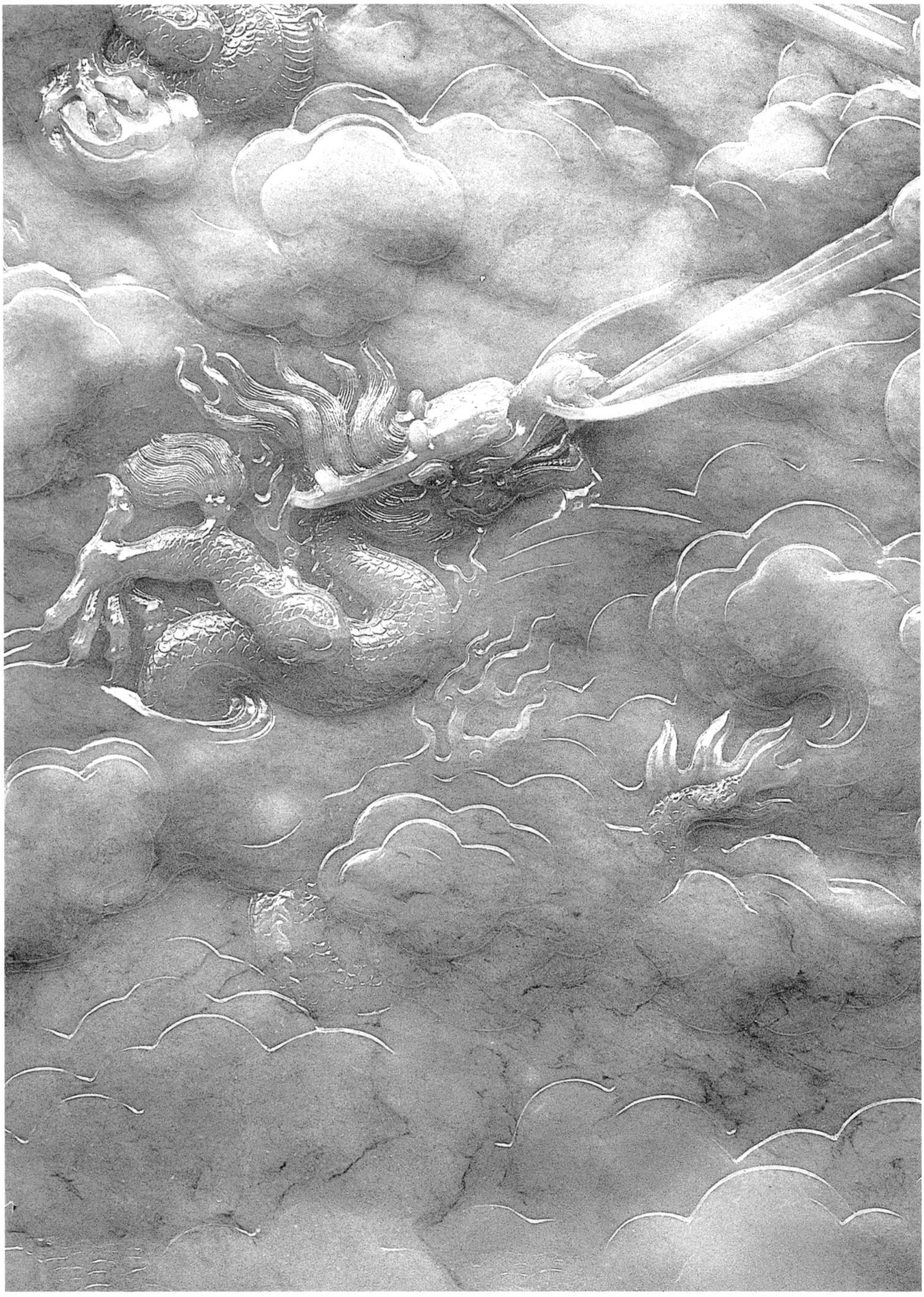

四海腾欢插屏（局部）

长：146.4 cm 宽：1.8 cm 高：74 cm

四海腾欢插屏　翡翠

长：83 cm　宽：50 cm　高：78 cm

岱岳奇观　翡翠

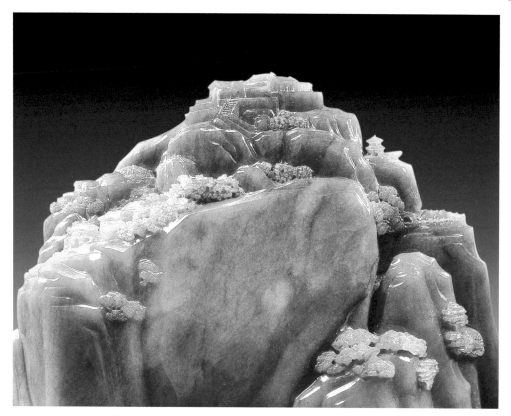

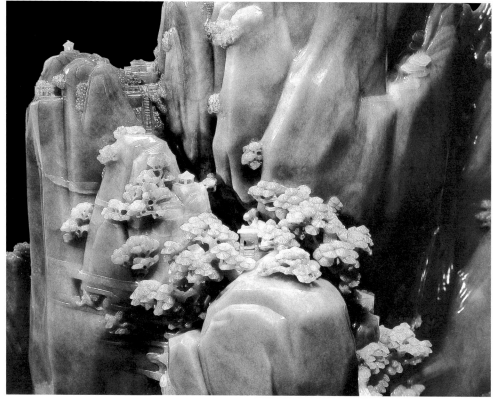

岱岳奇观（局部）

高: 64 cm

群芳揽胜花篮 翡翠

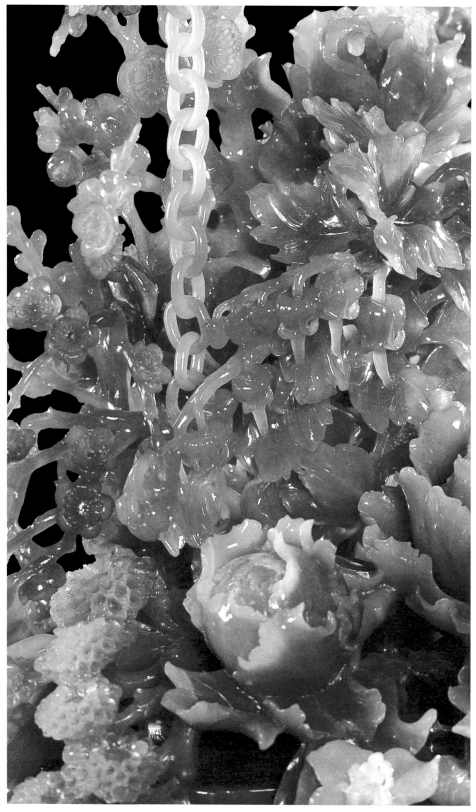

群芳揽胜花篮（局部）

海派玉雕

海派玉雕是以上海为中心地区的玉石雕刻艺术风格派系，是中国玉雕著名流派之一，形成于 19 世纪末 20 世纪初，在当下玉雕艺术领域有着很强的影响力。海派玉雕的真正贡献在于"海纳"和"精作"。海纳包容万象，从绘画、雕塑、书法、石刻，到民间皮影、剪纸和当代抽象艺术等，有些精作更让人惊异。从材料的选用、大胆的构思、精巧的制作到题材的传承转化、奇妙的创新思维等等，无不使人对玉雕工艺的理解、发扬、运用和变化产生眼前一亮的惊叹。

海派玉雕的创作者们开创和发展了海派风格。19 世纪初，上海成为中国乃至世界贸易的重要港口，以至于苏州、扬州及其周边地区的玉器制品都通过上海口岸向外输出，这种态势为上海玉器雕刻行业提供了广阔的发展空间。苏州、扬州等地的雕刻艺人大量涌入，在这东方的大都市找到了施展自己才能的理想天地。他们除了继续沿袭各自地方的传统技艺外，在上海特定的文化氛围中，又吸收了新的文化营养，逐渐形成了一种新的玉雕风格，即海派风格。当时，上海玉雕行业中，以适应洋人需求而生产制作的玉器被称为"洋装派"，而扬州艺人以制作陈设类玉器为主，故多属"洋装派"；苏州艺人多做玉首饰、花饰，以玉首饰和把玩件为主，被称为"本装派"；另有专做青铜器造型以及仿秦汉以来古玉为主的，则被称为"古董派"。

20 世纪开始，上海玉雕陈设类作品已具有很高的艺术水平，传承发展至 20 世纪 60 年代以后，由于国家重视人才培养和雕刻设备的改进，海派玉雕行业因此迅速发展了起来。作为海派玉雕类别的炉瓶器皿、人物造像、花鸟走兽等品类都已初具规模。雕琢细腻、讲究章法、造型严谨、庄重古雅，已成为海派玉雕的主要特色，其代表人物有炉瓶宗师孙天然、孙天仪，三绝艺人魏正荣，传承创新者周寿海，"南玉一怪"刘纪松和"飞兽大王"董天基等。

炉瓶器皿类是最具海派玉雕标志性的创作。海派风格的炉瓶器皿以稳重典雅的造型、古朴精美的纹饰、富有浓厚的青铜器趣味，在中国玉雕行业中享有盛誉。三足香炉、四喜炉、五亭炉、天鸡瓶、端炉、羊尊、犀牛尊、百佛炉等都是海派玉雕久负盛名的代表作品。在孙天仪、刘纪松和周寿海等玉雕艺人的共同努力下，使仿古青铜器炉瓶得以发展，并且在玉雕造型和图案纹饰方面通过借鉴传统的亭台楼阁、宝塔和器皿中的一些艺术特点进行融合与创新，在技术方面，连环链的制作技术也由传统的圆链、椭圆链发展到大雁链、蝴蝶链等多种形式，提高了作品的艺术效果和经济价值。

海派玉雕的类型分为炉瓶、人物、 花卉、飞禽和走兽等五类，其中炉瓶、兽件以及玉石俏

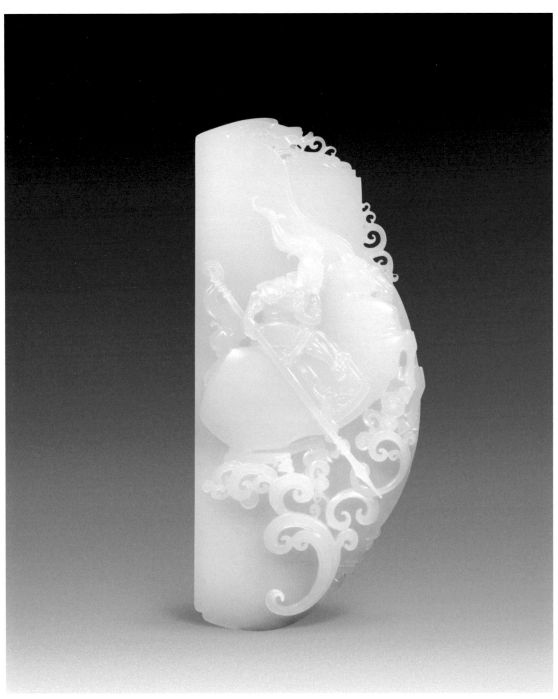

长：5.6 cm 宽：2.9 cm 高：12.2 cm

战神 和田籽料 崔磊

色利用方面更具上海特色。在这个时期出现了很多玉雕精品和技艺高超的玉雕艺人，如三绝艺人魏正荣领衔设计，由 13 位技师合作雕刻的巨型密玉《红旗插上珠穆朗玛峰》，重 2500 多公斤，历时三年，于 1962 年完成。此件作品运用了圆雕、浮雕、透雕等技艺，生动刻画了我国 41 名登山队员的英雄壮举，作品被周恩来总理誉为国宝。又如 1980 年在日本横滨"中国工艺品展览会"上展出了一件由"南玉一怪"刘纪松设计制作的《翡翠百佛炉》，在当时引起了轰动。传统的三足香炉、天鸡对瓶、端炉、羊尊等都是海派玉雕久负盛名的经典代表作品。

20 世纪 90 年代，上海玉雕进入了创新繁荣时期，海派玉雕推陈出新，兼容并蓄，在江浙地区玉雕艺人雕刻风格的基础上，融和了扬州、苏州，包括南方各地及宫廷玉雕的工艺风格，传承了中国明清玉雕精华，博采众长，在细腻精致上下功夫。这一时期涌现出大批具有代表性的玉雕大师，如刘忠荣、倪伟滨、于泾、吴德胜、易少勇、颜桂明、翟倚卫、洪新华、崔磊、王平等。在当代玉雕领域各有所长，创作了很多玉雕精品，这些作品都是海派玉雕极具代表性的经典之作。

随着社会经济的发展，雕刻技术也在不断创新与提高，信息技术的迅猛发展，也使得文化艺术的交流更加方便迅捷，同时西方及外来文化也渐渐进入到人们的生活之中。在学习西方先进技术的同时，也被西方文化所渗透，导致不少玉雕艺人在创作过程中同时融入了西方艺术的理念，在继承传统工艺古为今用的同时，也吸收了西方艺术的一些优点和精华，使中西结合得到了创新与发展。海派玉雕的特点正是在创作中吸取中国传统玉雕的布局构思、取材特点、造型手法和独特的琢玉技巧，但又并非简单的生搬硬套传统元素，而是在现代的设计艺术理念中融入更深层次的传统玉石文化的美学内涵，在继承传统的同时再有所突破，融入与传统文化不冲突的时代元素以及艺术家自身的艺术理念及价值观，创作出结合传统元素和当代符号及概念的艺术品。

就海派玉雕风格的整体而言，就是指在造型上融合极简主义，在运用简单极致风格的同时再吸收传统艺术中的纹饰花样进行创作。选材精美，设计大胆，工艺精湛，沿袭传统玉雕的精髓，加以变化和创新，给予了玉雕传统题材以新的形式，符合当代人的审美。海派玉雕将玉材与其他工艺品类如木雕、编织及一些现代工艺品种的表现手法大胆结合，寻找当代元素与传统元素的契合点，巧妙利用、大胆创新，从而创作出符合现代人审美需求的玉器。海派玉雕在艺术创新和文化变革上一直位于业内领先地位，作品不仅仅是工艺上的精益求精，还包括玉器种类上的创新以及玉器实用性的延伸创作，在中国当代玉雕行业可谓标识独特，遥遥领先。

海派玉雕把国内外优秀的多元文化融会贯通，博采众长，形成了特定的玉雕风格，在中国传统艺术形式的缩影下，带有现代的、时尚的、东西方文化相交融的艺术风格。

长：4.5 cm　宽：1.4 cm　高：5.8 cm　　龙牌（正面）

龙牌（反面）　和田籽料　黄杨洪

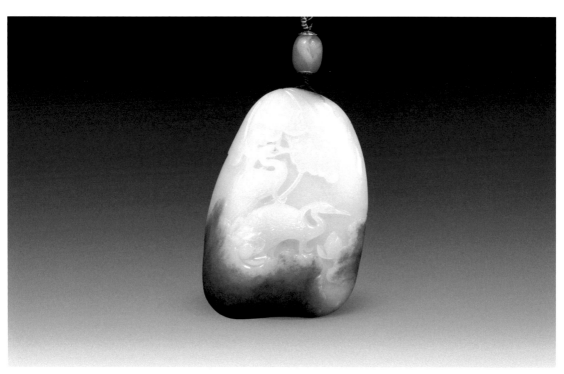

长：6.3 cm　宽：2.4 cm　高：9.3 cm

一路连科　和田籽料　吴灶发

长：4.3 cm 宽：1.1 cm 高：6.4 cm

旭日东升 和田籽料 倪伟滨

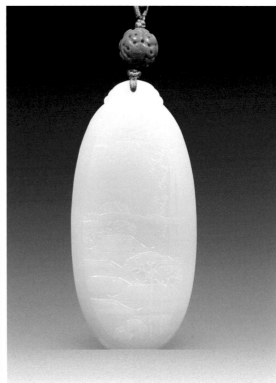

高：9.4 cm　宽：4.4 cm　厚：1.3 cm　　**太白醉酒（正面）**　　　　　　**太白醉酒（反面）　和田籽料　翟倚卫**

长：4.1 cm　宽：1.3 cm　高：7.2 cm　　　　　　　　　　　　　**童子牌　和田籽料　卢志勇**

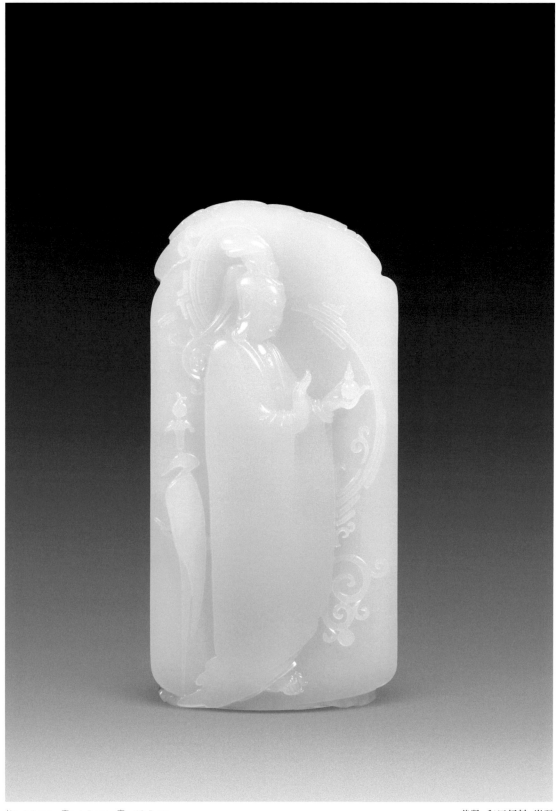

长：4.2 cm　宽：1.7 cm　高：10.5 cm

普贤 和田籽料 崔磊

长：3.1 cm　宽：2.1 cm　高：4.7 cm

簪缨门第　和田籽料　崔磊

长：4.7 cm　宽：1.5 cm　高：8 cm

释迦　和田籽料　崔磊

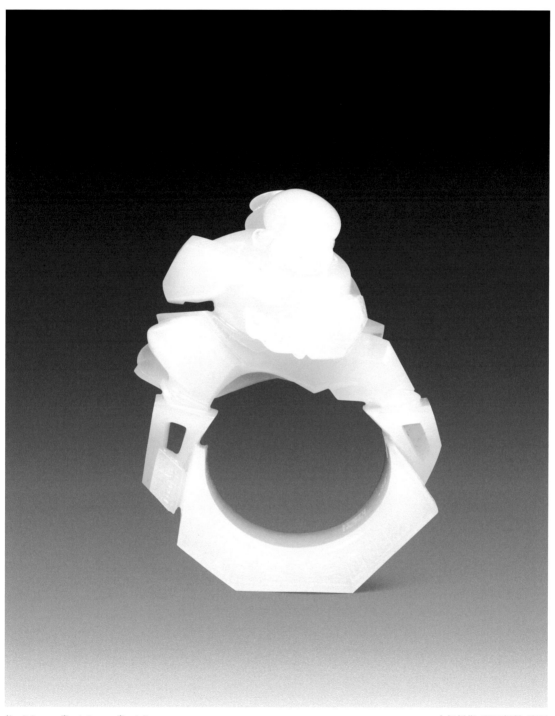

长：3.8 cm 宽：1.5 cm 高：4.9 cm

太极扳指 和田籽料 崔磊

长：5.2 cm　宽：1.3 cm　高：9.2 cm

山水牌 和田籽料 翟倚卫

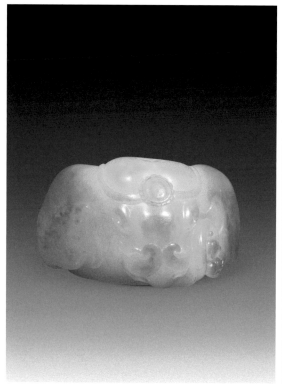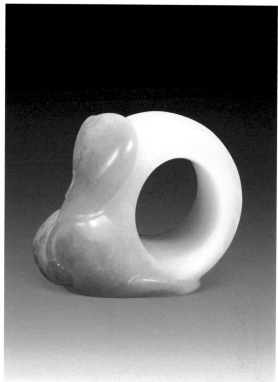

长: 4.6 cm　宽: 2.6 cm　高: 5 cm

扳指　和田籽料　黄杨洪

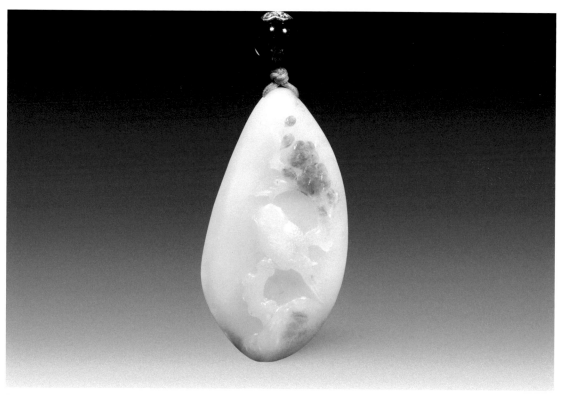

长: 2.7 cm　宽: 1.8 cm　高: 5 cm

喜上眉梢　和田籽料　吴灶发

扬州玉雕

扬州玉器历史悠久，是中国古代和现代玉器的主要产区。在几千年的传承中，经无数玉师勤奋实践，将阴线刻、浮雕、立体圆雕、镂空雕等多种技法融于一体，融汇南北，自成体系，逐步形成"浑厚、圆润、儒雅、精巧、灵秀"的地域特色，使之成为中国玉雕的重要流派。

扬州玉雕源远流长，扬州高邮龙虬庄新石器时代遗址出土的玉璜、玉玦、玉管等物，将扬州琢玉工艺的历史追溯到5300年前。汉代是扬州玉雕史上的第一个高峰期，扬州汉代玉器出土地多达30处，有数百件之多。其品种丰富，造型优美，雕琢精细，呈现出秀巧、典雅、精致的艺术风格。如西汉《白玉蝉》，具有典型的"汉八刀"风范，刀简意赅，线条凝成挺拔。东汉《宜子孙》螭凤璧形玉佩、《辟邪壶》构思独特，创意奇妙，是前所未见的新型玉器。

唐代出现了用玉装饰楼阁，即所谓"雕栏玉户"。民间则以小件玉器作为配饰品，"金络擎雕去，鸾环拾翠来""纤腰间长袖，玉佩杂繁缨"。唐天宝十二年，唐代高僧东渡扶桑，曾携琢玉师随行及玉器若干，为推动中日文化交流起到了重要的作用。

宋代，扬州玉器向陈设品方向发展。至清代，扬州琢玉进入全盛时期，为全国玉器制作中心。巨型玉雕，是扬州最擅长的"绝活"，时有"扬州琢玉，名重京师"之称。两淮盐政在扬州建隆寺设有玉局，承制宫廷各种陈设玉器，每年向朝廷进贡大批供皇宫内苑陈设或作为"御品"。今北京故宫博物院珍藏的扬州制作的有上千上万斤的大玉山，如"会昌九老图""关山行旅图""大禹治水图"乃至中、小件陈设品等数十件，均为不朽之作。标志着昔时扬州玉器艺人娴熟的雕琢技巧和高超的艺术造诣，引领着清代玉雕技艺发展至顶峰。其中，重逾万斤，被誉为"玉器之王"的"大禹治水图"玉山，堪称稀世珍品，是中国玉器的象征。

扬州玉雕器皿件，在造型上也颇具特色，翡翠"双塔"，白玉"五塔"，"内链瓶"，绿松"金龙戏宝瓮"，青玉"百寿如意"等一批构思新、奇、特、绝的产品在行内轰动一时，或被国家收藏，或藏于海内外有影响的藏馆。其中，白玉"五塔"被国家收藏。

扬州地域文化环境，造就了一代又一代优秀的玉雕传承人。老一辈的大师们为扬州玉雕事业的发展做出了杰出的贡献，他们是扬州玉雕得以传承和发展的基础。他们中有培养了建国后扬州第一代玉雕设计人才的奠基人董正通；有研制成功全国第一台玉料套碗机和掏膛机，从而开创了机械琢玉历史的杭学文；有技艺全能、以刀代笔的"天才做手"黄永顺；有大胆创新、鬼斧神工的器皿专家刘筱华；有善用俏色、变废为宝、化腐朽为神奇的玉雕奇才韩鉉。

长：12 cm　高：25 cm

千禧瓶　和田籽料　杨光

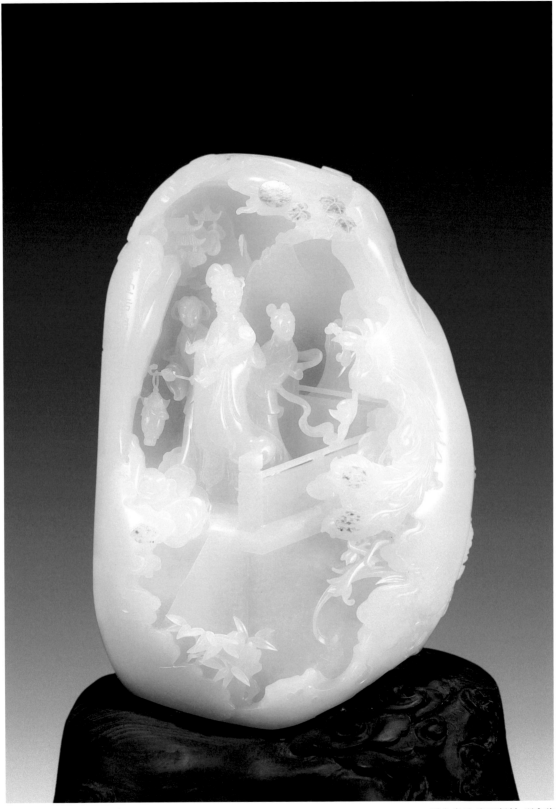

长：12.5 cm　宽：8 cm　高：18.5 cm

瑶台步月　和田籽料　顾永骏

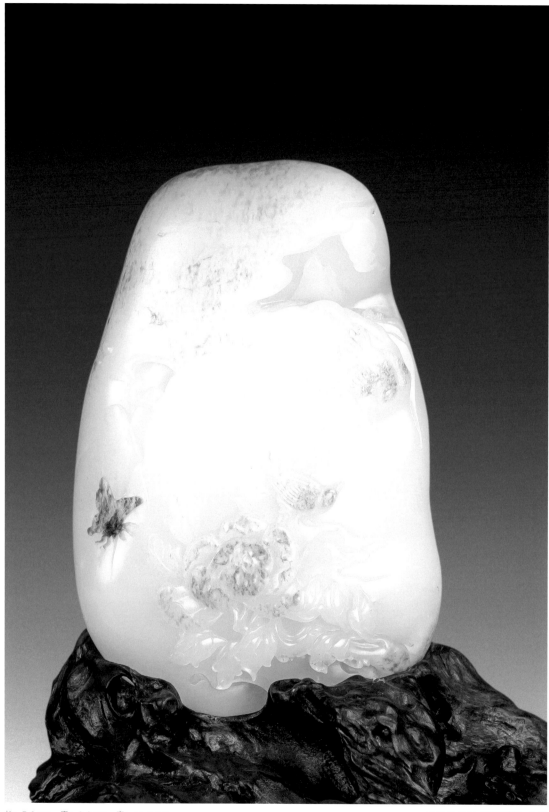

长：7.8 cm　宽：2.6 cm　高：11.8 cm

出来鸟先知　和田籽料　余勇

长：7 cm　宽：6 cm　高：15.5 cm

荷花仙子　和田籽料　顾永骏

而今，扬州玉雕形成了顾永骏、江春源、薛春梅、高毅进、汪德海等为代表的扬州玉雕大师队伍。近些年更是涌现出了大批极富创作能力的年轻玉雕人才，如杨光、顾铭、孙有庚、冯钤、余勇等，他们是扬州玉雕的"脊梁"，现代扬州工的精英，并各自形成了自己的艺术风格。

扬州本地虽不产玉，但自古以来巧夺天工的扬州玉雕，不仅承载了中国几千年的玉文化，而且具有鲜明的民族特色和地方风格。扬州玉器分为炉瓶、人物、花鸟、走兽、仿古、山子雕等六大品类，品种齐全，花色繁多，且历代扬州玉雕分别保留了不同时期的艺术特征。扬州玉雕的繁盛期为汉、唐、清，并在清乾隆年间达到了巅峰。今天的扬州玉雕构图新颖、造型优美、做工精致，尤以"山子雕"及"链子活"的技艺独具一格。

山子雕作为扬州玉雕最负盛名的传统技艺之一，其大多表现山水人物题材。如人物故事、诗词典故，极富人文之情，具有一定精神托付的意境美。制作时大都选用和田籽料，保留其光滑的卵状外形，根据形状、色泽设计图稿，以使造型和玉料浑然一体，再按"丈山尺树、寸马分人"的法则，运用浮雕、圆雕和镂空雕手法，除表面雕成参差立体造型外，主要是向玉石里面挖空透雕，使山水树石、亭台楼阁、花草飞禽、人物动态等形象在同一画面中构成远、近景交替变化的空间层次，形成情景交融的艺术场景。山子雕构图严谨、层次分明、透视准确、形象逼真，在制作时还要剜脏去绺、巧用皮色，是材料、主题、工艺完美结合的摆件艺术。当今的扬州琢玉技师，全面继承了传统的扬州玉雕优秀技艺，锐意创新，在实践中遵循"量料取材，因材施艺"的琢磨工艺，并结合时代的要求，不断提高雕琢技艺及创作能力，制作了大批构图新颖、造型优美、做工精致的山子雕作品。

链子活同样是扬州玉雕极负盛名的传统技艺，泛指玉器中的链条制作工艺，是一种配合圆雕、镂雕玉器的优美装饰艺术。此技艺从玉石钻孔到套环工艺等，均有着悠久的历史，它们通常装饰于炉、瓶、灯、塔、壶等器形上，其工艺"既难又险"。链子纤细剔透、浑厚圆润、细腻整齐，堪称扬州玉雕技艺中的绝活。环环相扣的链子与玉器同为一体，先雕环链，再雕主体玉器。链子有单链、双链、多链，如此多的环链只有精心设计且具有超凡的雕琢工艺，才能使每个环扣厚薄均匀、整体一致、平整规矩，为主体玉器锦上添花，产生极强的艺术感染力。链子活制作步骤繁琐，衬托主体造型的设计要巧妙，环链效果要玲珑秀丽，才能起到小中见大、静中有动、内外呼应的效果。

扬州玉雕因其特殊的地理位置和技艺，其工艺特点有别于其他玉雕流派，兼有"南秀北雄"的特点。链子活充分体现了雕工的秀巧典雅，山子雕则充分体现了格局的雄壮开阔，且门类齐全、题材多样。不仅有花卉链条瓶、玉白菜等摆件，也有山子雕、屏风、插牌等陈设品，还有子冈牌、首饰等小件物品。除了有仿古器皿、各类把玩件，也有文房用品等杂件。题材有传统的吉祥图案、诗词歌赋，也有反映现实生活的现代小品。

　　扬州玉雕最重要的艺术特征是因材施艺、物尽其用，也就是在设计时懂得巧用皮色和俏色，尽可能地利用原材料本身的天然形态，再根据玉料本身的形状、材质、融入绘画追求意境。同大多数的传统工艺一样，扬州玉雕也融入了中国画、雕刻等其他艺术元素，在大件作品中注重表现有故事情节、追求意境的艺术场景，这对玉雕制作者来说，不仅要有精湛的造型能力来准确刻画形象，表现其透视关系，还需要有较高的文学艺术修养，才能进行富有创造性的构思。

　　扬州玉雕的民族特色和地方风格，表现在创作具有传统象征意义的炉瓶、鼎彝、宝塔、宫灯等大型器皿作品，除了造型庄重、雕工秀巧、胎薄体平之外，还引入了扬州本地的风景名胜、文人画派的内容以及本土其他特色工艺的雕刻手法等。

长：5.5 cm　宽：5 cm　高：16.5 cm　　　　　　　　　　　**九天揽月 碧玉 顾铭**

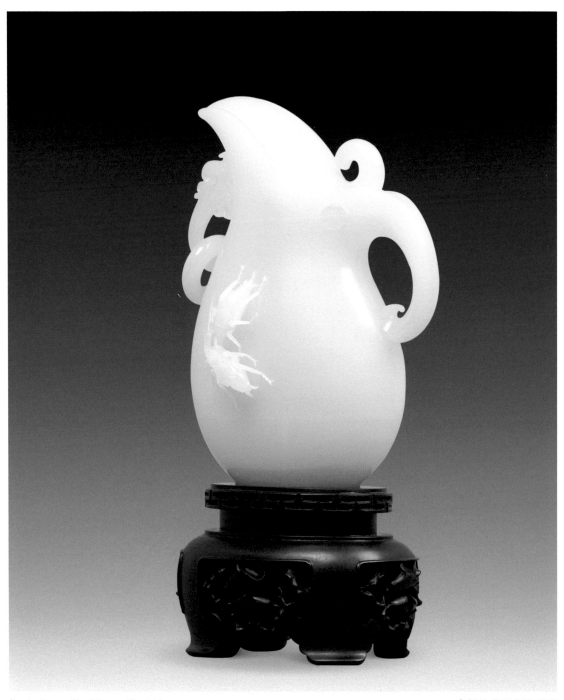

长：10.6 cm　宽：5.8 cm　高：14.3 cm

大师匜　和田白玉　杨光

长：26 cm　宽：15 cm　高：31 cm

海棠炉　和田白玉　杨光

长：11 cm 宽：5.5 cm 高：6.5 cm 匜杯 青玉 杨光

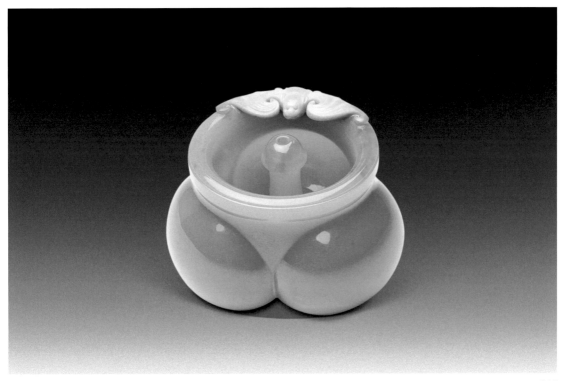

直径：5.2 cm 高：3.8 cm 香插

香插 白玉 杨光
长：2.1 cm 高：13.3 cm

香水瓶 缅甸黄玉 杨光
长：1.9 cm 高：8.7 cm

长: 11.8 cm 宽: 3.6 cm 高: 8.3 cm

耕道洗 青花籽料 冯钤

长：15 cm 宽：5.6 cm 高：14 cm

人寿年丰 和田籽料 顾铭

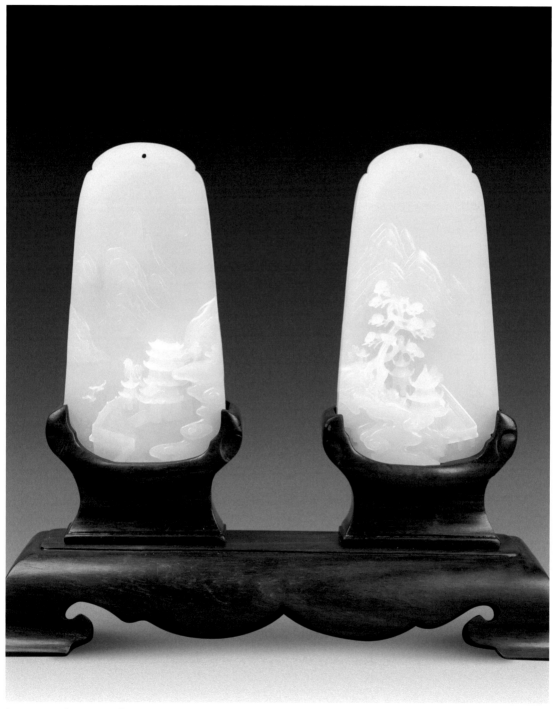

长: 5.4 cm 宽: 1.7 cm 高: 10.3 cm

滕王阁序对牌 和田籽料 余勇

苏州玉雕

苏州是我国有名的琢玉产地之一,据宋代范成大所修《吴郡志》载,早在唐、五代时期,苏州就有琢玉的工场和名艺人了。明代宋应星著《天工开物》一书,盛赞过苏州玉工"良玉虽集京师,工妙则推苏郡"。可见苏州的玉雕在明代即以其精良细灵巧名闻全国,当时苏州著名的雕玉艺人陆子刚称"鬼斧神工",曾琢玉水仙,玲珑奇巧,明代《徐文长集》中有题水仙诗五首,中有"昆吾峰尽终难似,愁煞苏州陆子刚"之句。另有艺人刘念,善琢品玉,仿古之作,竟可乱真。

至清代,天山南北交通无阻,玉材来源增多,玉器生产更加发展,至道光年间可谓全盛期。当时从专诸巷、天库前、周王弄,直到王抠密巷,石塔巷、回龙阁等,几乎比户可闻琢玉声。据当时统计苏州全城有两百多家琢玉工场,艺人近千。清乾隆年间,苏州琢玉作坊已达830多户,而阊门吊桥两侧的玉市更是担摊鳞次,铺肆栉比,乾隆帝曾赞曰:"相质制器施琢剖,专诸巷益出妙手"。当时琢玉行会就设在周王庙,每年阴历九月十三至十六,全城大小近千家玉器作坊都要拿自己最精心的杰作作为祭祀的供品去陈列。届时,同业相互观摩,各路客商云集,市民争相观摩,热闹异常。

苏州工匠善雕琢中小件,以"小、巧、灵、精"出彩。巧是构思奇巧,特别是巧色巧雕,尤其令人叫绝;灵是灵气,作者有灵气,作品有灵魂;精是一刀一琢皆精致细作。由于近现代玉雕工具的不断改进,更为玉雕的精工细作创造了有史以来无可比拟的条件。因此无论圆雕、平雕都优美别致,图案线条刚柔结合,婉转流畅。特别是苏州的薄胎器皿件,充分运用圆雕、浮雕、镂空雕、阴阳细刻、取链活环、打钻掏膛技术、制口琢磨技术等不同的雕刻工艺,使其更加华美而精巧,成为苏工细作工艺的扛鼎之作。

苏州玉文化源于新石器时代,汉代时期有了很大的发展,而在明清时期则达到了一个发展的高峰,成了当时中国最具影响力的玉雕产地,连宫廷玉作的人才都得仰仗苏州的玉工。

在 20 世纪 90 年代以前,苏州也仍然在全国玉雕界中具有很大的影响力,在当时的计划经济体制下,苏州玉雕依托原有的技术力量及加工力量,主要仿制中国历史上各个时期风格的作品,以花鸟、炉瓶、人物、山子雕为主要品种,其特征是在雕刻工艺上沿用了苏州地区明清时期的传统技法,缺少时代感,产品主要销往海外。

进入 21 世纪之后,随着苏州外来人员的增多,苏州玉雕开始活跃起来,对外交流也逐

长：3.8 cm 宽：3.8 cm 高：5.3 cm   马印 和田籽料 葛洪

渐增多，在频繁的交流和不断的探索中，苏作玉雕品质不断提高，影响力不断扩大，逐渐成为继上海海派玉雕之后的又一支新生力量。此时期的作品不仅继承了苏作玉雕精细雅洁的特点，同时又融入了创新元素，形成了"新苏作"概念。

"新苏作"中，以杨曦、蒋喜、葛洪、瞿利军、赵显志、俞艇、吴金星、范同生、侯晓峰、龚克勤、曹杨等人的作品为代表，而这些玉雕大师又各有自己的特色。其中蒋喜主要以仿古见长，仿古子冈牌、仿古瑞兽、扳指等为主要类型，作品细腻，旧味十足。除仿古件外，还有一些融合中西方文化的创意作品，均以细腻、规整为主要特色。杨曦以创意见长，突破传统的表现手法，写实写意相结合，作品意境悠远，既有江南之细腻清秀风格，又不失大气风范。葛洪也以仿古见长，多用龙凤纹及兽面纹元素，写实写意相结合，以手把件为主，作品浑厚大气，刀法清秀又不失锐利。瞿利军的作品为典型的江南风格，以小件为主，山子、花鸟、器皿、人物均有涉及，作品清新雅致，细腻精巧，洒脱飘逸。赵显志主要以俏雕见长，擅于根据原料的皮色和形状巧施工艺，常常能够化腐朽为神奇。俞艇擅长雕刻薄胎器皿，可做到薄如纸片，功底深厚，作品轻盈之余又不失器皿之重感。范同生的作品刀法凝练奔放，设计大胆细致，题材丰富、大气磅礴。侯晓峰的弥勒佛制作在工艺上可谓登峰造极，个性明显。

当代苏州玉雕在风格上不再局限于传统的仿古雕件，而是创作出了一批符合时代审美的作品，产品也从以前的花鸟、人物、山子、器皿类转向以玉牌、小把件玩件及器皿为主要类型。新的苏州玉雕在传统中有所突破，同时，又保留了苏州地区苏作传统的雕刻纹饰和技法，保留了苏作玉雕的精、细、雅、洁的特征。苏州玉雕的雕刻手法以浮雕、薄胎雕等工艺为主，表现形式一面为人物或山水风景，一面为用阴阳手法雕刻的诗文。苏州玉雕以浮雕制作出来的作品立体感很强，线条优美、刀工娴熟，视觉效果很好。苏州玉雕既没有北方工艺的粗犷，也不如海派玉雕过度讲究，而是繁简有度，工艺精细。

由于当代苏州玉雕的艺人来自全国各个地方，苏州玉雕行业也为不同地区的艺人创造了良好的发展环境，玉雕同行之间互相沟通交流学习，不断寻找新的工艺及新的制作方法，由此，为苏州玉雕的发展注入了新的活力，也为苏州玉雕的传统精神带来了新的力量。苏州玉雕因其独有的文人气息，使来自不同地区的玉雕艺人不仅互相学习交流，同时也不断地向国画、雕塑等其他艺术品类吸取营养，以融入在各自的创作中，致使当今苏州玉雕进入了一个全新的艺术发展期。

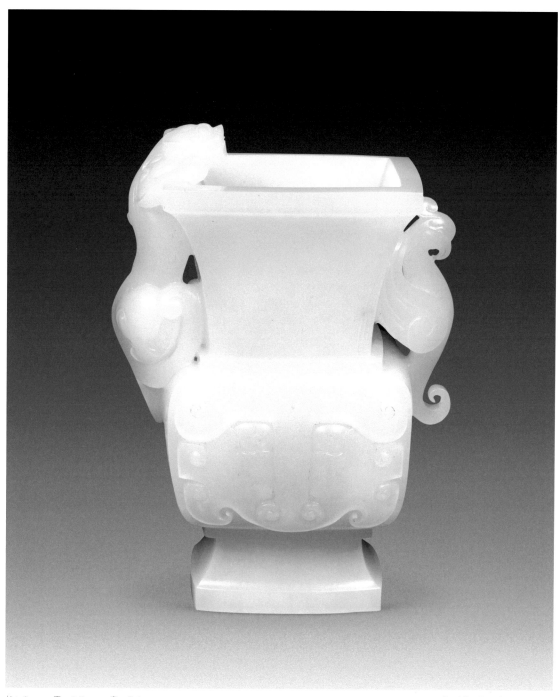

长：6 cm　宽：3.8 cm　高：8.1 cm

龙凤尊　和田籽料　瞿利军

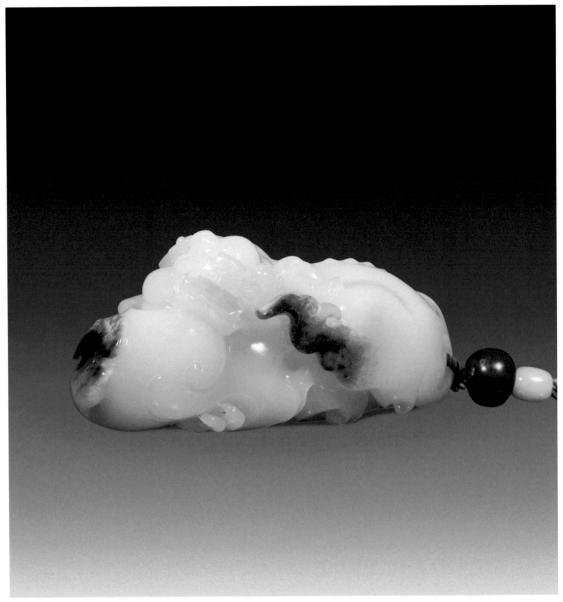

长：10 cm　宽：4.5 cm　高：4.6 cm

貔貅　和田籽料　吴金星

长：20 cm　宽：5 cm　高：16 cm

大圣归来　和田籽料　王伟

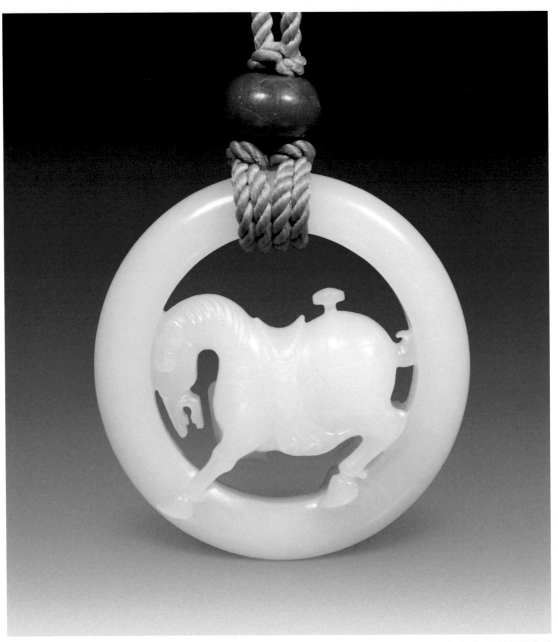

长：1.5 cm　高：5.3 cm

马圈 和田籽料 吴金星

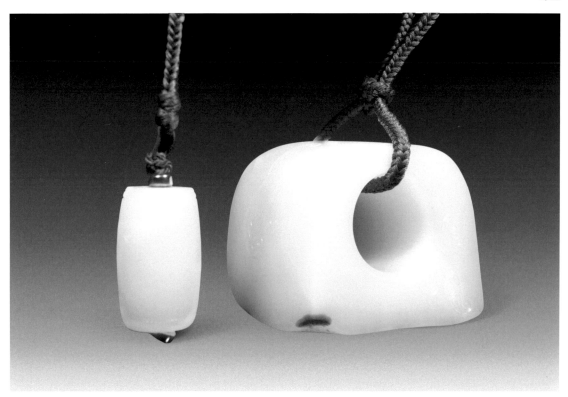

长：5.4 cm　宽：3.9 cm　高：4.3 cm

扳指　和田籽料　瞿利军

长：4.5 cm　宽：1.7 cm　高：5.8 cm

虎牌　和田籽料　吴金星

长：12.5 cm　宽：7.5 cm　高：13.5 cm

双羊尊 墨玉 马洪伟

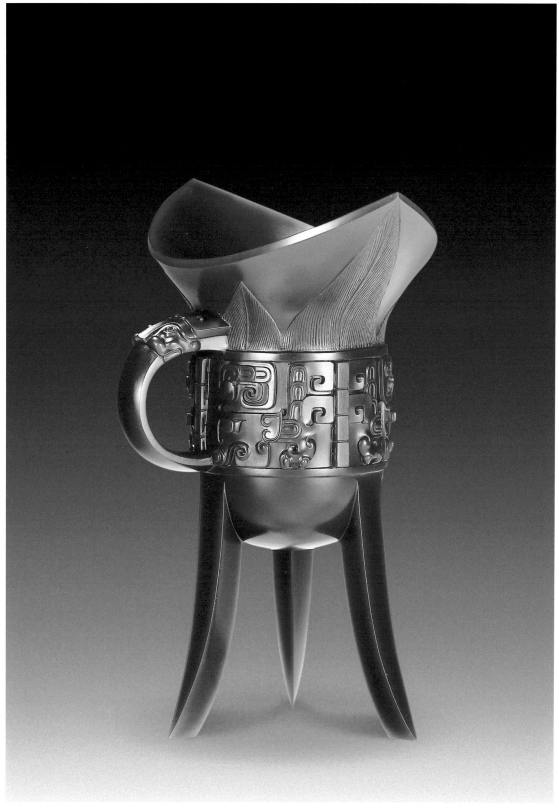

长：101 cm　宽：6 cm　高：13 cm

角　青玉　马洪伟

长：3.6 cm　宽：2.3 cm　高：3.7 cm

弥勒　和田籽料　侯晓峰

长：3.7 cm 宽：2.2 cm 高：4.6 cm

太平有象 和田籽料 赵显志

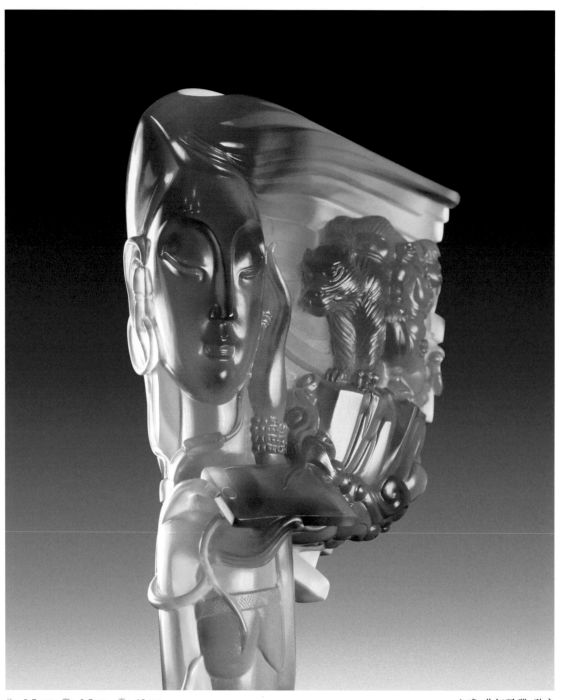

长: 9.7 cm 宽: 3.7 cm 高: 13 cm

心惑 北红玛瑙 孙永

长：4 cm 宽：2.6 cm 高：10.5 cm

心诚 青花籽料 张克山

南阳玉雕

南阳玉雕的历史非常悠久，商朝的殷墟 5 号墓、妇好墓都有南阳玉雕作品出土。汉唐以远的古籍中，也唯独明确记载南阳玉器可以"饰后宫，充下臣，娱心意，悦耳目"。汉时张衡的《南都赋》中还描述了当时南阳玉器产出规模和杰出的工艺水平，"其宝利珍怪，则金彩玉璞……雕琢狎猎，金银琳琅。"这比明清时代扬州、苏州治玉中心的出现，要早一千多年。它在古代之所以能独树一帜，不仅是因为魏晋之前，那里曾经是古代交通枢纽和繁华的中心城市，更因为那里盛产被国外称之为"南阳翡翠"的独山玉。南北朝时，陶弘景就指出："好玉出蓝田及南阳徐善亭部界中，诸出皆善。"而独山玉，又和和田玉、蓝田玉、岫岩玉一起，被誉为中国四大名玉。

独山玉的多色彩特性有别于其他玉料，对玉雕创作来说也是极大的挑战。色彩可以生动表达人的思想感情，色彩的丰富从创作理论上讲，既能表现丰富多彩的生活内容，又可以多层次多侧面地渲染人的心态和情操。可以这样说，独山玉的创作不仅提炼了创作者的俏色处理能力，精彩的独山玉创作也已成为南阳玉雕的一大特色。在历史上，丰饶的玉材，闲适的环境，浑厚古朴的风土人情，曾孕育了一代又一代玉雕名匠和好手。魏晋以后，战乱频仍，古城经济迅速衰落，琢玉人才奔向大江南北，融入后来居上的各个文化都市，南阳玉雕反被人淡忘。及至 20 世纪后期，商品经济大潮汹涌，南阳玉雕一度出现急功近利、粗制滥造等现象，"河南工"竟至与假冒伪劣画上等号。而实际上，南阳玉雕两千多年的发展史上，可谓人才辈出。到近代，民国时期又有一代宗师仵永甲，他的表现现实的艺术风格影响着几代南阳玉雕人。中国工艺美术大师吴元全、仵应汶作为南阳玉雕的领军人物，名闻遐迩，在一大批优秀的玉雕创作人才的不懈努力下，南阳玉雕已逐渐恢复了往日优秀的传统，创作出了一大批出类拔萃的玉雕作品。

一代宗师仵永甲的"济公"，中国工艺美术大师仵应汶的"双层转动花熏"、仵海洲、张克钊的独山玉作品"妙算"，仵金满的"白菜""九龙缸"，魏玉中的"翡翠五环炉"等一大批名作名品先后荣获国家、省级大奖。仵应汶的水晶"大威德力士明王"被法国吉美博物馆收藏，仵海洲的"鹿鹤同春"被中国美术馆长期收藏。南阳这一城市所拥有的玉雕创作队伍，是全国其他地方无法相比的。除吴元全、仵应汶之外，南阳玉雕还有仵海洲、仵金满、王玉敬、魏玉中等老一辈大师，更有声名卓著的孟庆东、刘晓强、张克钊、刘国皓、张红哲、王东光、李海奇、喻朝光、庞然等中青年大师，乃至更为年轻的如刘晓波、柴艺扬等新一代创作人才。作为南阳玉雕的主体创作人员，他们的努力已经使南阳玉雕取得了突飞猛进的发展。

长: 32 cm 高: 68 cm

云龙瓶 白玉 魏玉中

南阳玉雕发展至今，有名玉，有名师，也有名作。尤其是进入 21 世纪以来，南阳玉雕已经一雪"地摊工"之耻，在行业内创造了数个"全国第一"。其中，从业人员单位数全国第一，南阳地区玉雕从业人员已达 15 万人之上，加工企业过万，各类销售门店 2 万余，已成为全国玉雕生产加工业最集中、人数最多的地区之一。组织机构完备全国第一，南阳在全国率先成立地区政府辖下的玉雕管理局，形成有机构、有领导、有管理、有政策的"四有"管理体系，每年举办规模性的国际玉雕节，创全国之最。吃苦耐劳精神全国第一，南阳的玉雕从业人员在全国来说，是一个能吃苦敢拼斗的群体，可以说哪里有玉雕市场，哪里就有南阳人，他们的足迹遍布全国各地。

正因为有了南阳玉雕人的一致努力，当今南阳玉雕的艺术特色已经十分显著。经过玉雕艺人代代相传的传统技艺，吸取其他地区玉雕创作经验，南阳玉雕的工艺不断改进，逐渐形成了自己的艺术风格，以技巧的灵活及色泽显贵著称于世。俏色巧做的艺术处理手法，强烈的色差对比运用，都恰到好处，作品巧夺天工，惟妙惟肖，独树一帜，具有极强的艺术感染力。

历经千年兴盛而不衰的玉雕产业，形成了浓郁的、博大精深的南阳玉文化，孕育了一代又一代技艺高超的南阳玉雕艺人。他们在传承工艺的同时，不断引进、吸收、创新艺术设计雕刻手法。正是悠久的历史、深厚的文化底蕴和得天独厚的美玉资源相结合，才使得南阳玉雕这一艺术瑰宝得以代代相传，发扬光大，惊世之作也不断问世，由故宫博物院、各地美术馆及收藏家收藏的稀世珍宝也不在少数。

长：20 cm 高：14 cm   **福寿如意香炉 白玉 张春风**

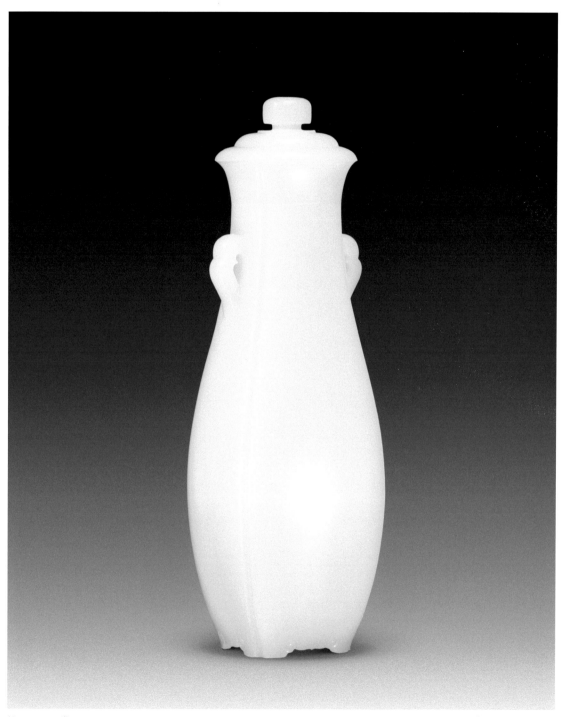

长：10 cm　高：28 cm

如意瓶 白玉 张春风

长：13 cm　高：25 cm

羊头瓶　白玉　杨文双

长：14 cm 宽：29 cm 高：30 cm

基业长青 独山玉 玉神出品

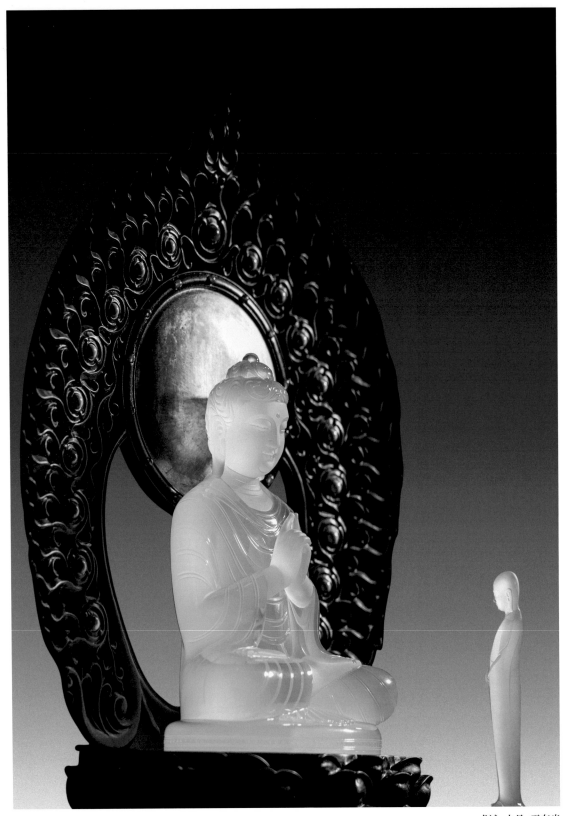

长：15 cm　宽：10 cm　高：22 cm

虔诚　水晶　王东光

长：11 cm　宽：8 cm　高：38 cm

观音　水晶　王东光

长：8.5 cm　高：18.5 cm

蒜头瓶　白玉　张春风

长：28 cm　宽：12 cm　高：34 cm　　　　　　　　　　　　　　**大唐飞歌　独山玉　玉神出品**

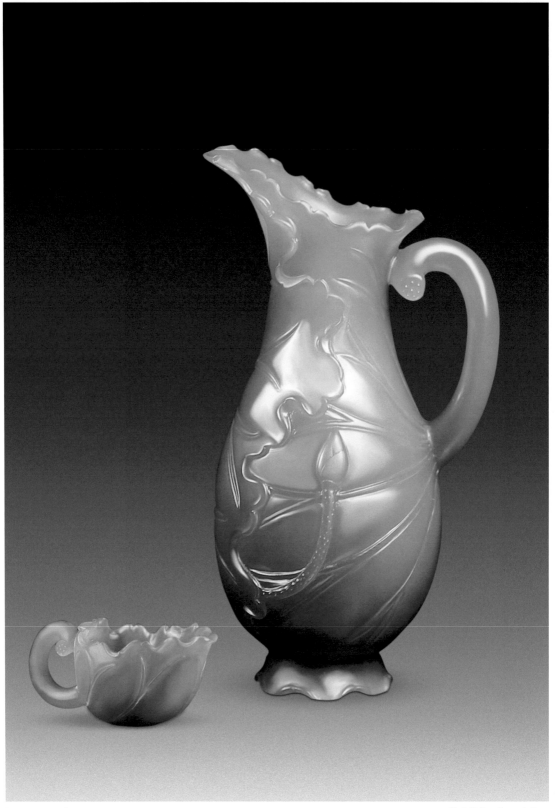

长: 5.3 cm   高: 10 cm

荷叶持壶 碧玉 张春风

长：10 cm 宽：6.5 cm 高：38 cm

放飞 密玉 田学峰

辽宁玉雕

辽宁出产的玉石品种是十分丰富的，不仅有贵为中国四大名玉之一的岫岩玉，还有被誉为中国国家地理标志产品的阜新玛瑙。作为重要的玉石产地之一，辽宁玉雕的历史与华夏文明一样久远。5000 年前的红山文化遗址中出土了用岫玉制作的玉龙、玉猪、人面纹玉综、兽面纹玉琮等工艺品，以及在距今约 4500 年的岫岩北沟文化遗址发掘出的一大批古玉器，都证明辽宁岫岩的先民已掌握了较高的琢玉技术。

据考古发现，从新石器时期到明清时期，在历代出土的文物中，都有用岫岩玉雕琢的玉器。如新石器时期的《有孔玉斧》、夏商周时期的《鸟兽纹玉觥》《玉跪人》、战国时期的《兽形玉佩》、秦汉时期的《玉辟邪》、东晋时期的《龙头龟钮玉印》、南北朝时期的《兽形玉镇》、唐宋时期的《兽首形玉杯》、元代的《玉贯耳盖瓶》、明代的《龙头玉杯》、清朝的《哪吒玉仙》等，这些古玉器的原料都是岫岩玉。北京博物馆所珍藏的属夏家店文化的两件出土玉器《碧玉螭佩》和《青玉鸟兽纹柄形器》，经鉴定也是岫岩玉雕制而成。出土于辽宁建平县的"玉猪龙"和出土于内蒙古翁牛特旗三星他拉村的"玉钩龙"，都是新石器时代红山文化的产物。远在江浙一带出土的新石器时代良渚文化的玉器中，也有岫岩玉的踪迹，就连安阳殷墟妇好墓中出土的 700余件玉器，其中就有 40 多件是用岫岩玉雕制而成。

岫岩玉雕是以辽宁省岫岩地区为中心而发展起来的一项民间玉石雕刻工艺。历史上，辽宁本地区真正拥有一批玉器制作人才，真正能进行规模生产，应始于清乾隆年间，渐兴于道光咸丰时期。清末民初，岫岩地区出现了以江保堂为首的玉雕"八大匠"和以李得纯为代表的"素活二李"，当时玉雕有人物、花鸟、动物、花卉、素活等五大类产品，特别是素活工艺到达了较高的水平。20 世纪中叶，岫岩的素活工艺又有了进一步的发展，代表作岫玉塔熏《华夏灵光》是迄今中国玉雕史上最大的一件瓶素工艺品。此作品创作于 1983 年，由玉雕大师贺德胜、史沿海、王运岫设计，整个作品集立雕、浮雕、透雕、双面雕等传统工艺手法于一身，融合中国古代建筑楼台、亭榭、庙宇和西方建筑艺术风格为一体，历时 18 个月完成，被定为国家珍品收藏于人民大会堂。

辽宁是清王朝的发祥地，清朝开国时的首都就在沈阳，如今沈阳故宫仍完好无损。乾隆年间岫岩县开始了玉雕的规模化生产绝非偶然，在岫岩，玉雕品种一应俱全，炉瓶、人物神佛、禽鸟花卉、山子、首饰、摆设类玉器名噪一时。乾隆皇帝的玉玺"古稀天子之宝"就是那时制作的，2003 年北京故宫博物院要展示这件国宝，又请辽宁的玉雕大师复制了一枚。还有玉制炉瓶尤其是仿青铜器造型需要高超的工艺水平，虽说现今是商品经济的天下，炉瓶创作在全国都呈消退之势，但在辽宁仍代代相传，故而辽宁的玉雕传统很有底气。

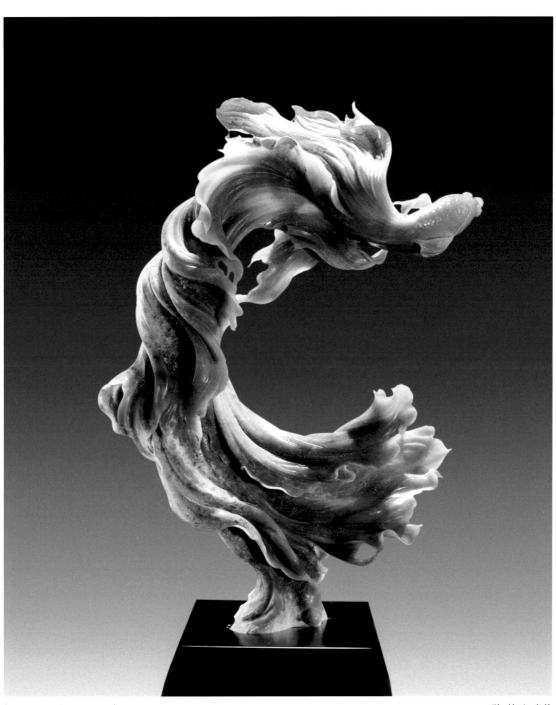

长：36 cm　宽：12 cm　高：60 cm

游 岫玉 唐帅

长: 26 cm 宽: 10 cm 高: 50 cm

飞与鱼 岫玉 唐帅

长: 30 cm 宽: 16 cm 高: 62 cm

天使 岫玉 唐帅

长：115 cm　宽：80 cm　高：90 cm

一带一路　岫岩花玉　王世伟

特有的自然环境和复杂的地质构造，孕育了丰饶的玉石资源，勤劳智慧的人民，创造了以玉雕为代表的美妙艺术，古老的传统和悠久的历史，形成了极富地域特点的岫玉文化。岫岩玉雕兴于清末民初，更盛于当代，属中国北方流派，长期受到北方民族民间文化的滋润，吸收了地方民间木刻、石雕、泥塑、刺绣、剪纸、影人、彩绘艺术等方面的精髓，融合渗透，逐渐形成了具有浓厚地方特点的艺术风格。岫岩玉雕技法丰富，以素活见长，柔环、活链为其典型工艺。其继承了中国玉器传统技法，做工以立体圆雕及浮雕为主，辅以线刻、镂刻、透刻，并有勾花、勾散花、顶撞花等手法，擅用剜脏去绺、因材施艺、化瑕为瑜、废料巧用、俏色巧用、螺纹组合等技法，制作的炉瓶造型简练古朴，打磨光滑，气韵生动传神，素有古辽河红山文化之遗风。

辽宁阜新出产的玛瑙储量丰富，阜新的玛瑙文化积淀深厚，7600年前的查海遗址中出土了用玛瑙打制的刮削器，以及玉器、石器等，说明查海人是世界上最早认识玛瑙和使用玛瑙的人群。据出土文物证明，早在辽代，阜新的玛瑙业已十分发达，辽墓中出土的玛瑙酒杯、玛瑙围棋、项链等，质地上乘，造型优美，工艺精湛，令当今艺人惊叹。到了清代，阜新地区玛瑙业发展已具备一定规模，阜新玛瑙制品已成为宫廷贡品。相传清代宫廷摆设的雕件及所用的玛瑙饰物大多数取材于阜新，甚至加工于阜新。现中国博物馆国宝级收藏品《水帘洞》就是由阜新提供的水胆玛瑙原料雕刻而成。

阜新玛瑙雕刻的特点归结为巧、俏、绝、雅。巧是一种灵气，指作品创意大胆，构思奇巧，雕刻技艺精巧；俏为天之造化，充分利用玛瑙的天然俏色、纹理及质感，使表现的主题栩栩如生，呼之欲出，逸趣天然；绝为天人合一，作品源于自然高于自然，源于生活而高于生活，使之成为出神入化的绝品，具有强烈的艺术感染力和震撼力。阜新玛瑙雕刻不仅有传统的素活，如花薰、尊、瓶等大型摆件。更为独特的风格是构思奇巧，工艺出色。作品含有丰富的文化内涵，既蕴含五千年华夏文明和民族精神，也反映出了当代人们的生活状态和审美情趣。

正是由于辽宁丰富的玉矿产业，辽宁的玉雕产业人才辈出，除了老一辈中国工艺美术大师王玉珍之外，北方炉瓶工艺的传承人王运岫，依然在为继承和发展濒于失传的传统工艺努力着。还有车绍国、马凤山等前辈大师也在为岫岩玉雕的发展奋斗着。阜新玛瑙雕琢在杨克全、王磊、王鑫、杨辉、高绍和等大师的带领下，仍然蒸蒸日上。尤为可贵的是辽宁新一代创作人才的远大抱负，如唐帅、唐勇、孙立国、洪保增、张庆东等年轻大师，他们致力于通过自己的创作，让岫岩玉走向全国、走向世界，并为此孜孜以求。

辽宁玉雕人才济济，创作的题材十分广泛，表现的内容丰富多彩，表达的形式千姿百态，从自然到社会，从历史到现实，从神话到生活，林林总总，可谓无所不雕，大到数吨甚至数百吨的大件，小到寸许的微型小件，无论大小精品，皆有巧夺天工之作。

直径：30 cm

青蟹 岫玉 唐勇

长：56 cm 宽：26 cm 高：46 cm

生命 岫玉 唐勇

长：39 cm　宽：33 cm　高：29 cm

雨后　岫玉　金柏龙

长: 50 cm   宽: 13.5 cm   高: 47 cm

印记 岫玉 金柏龙

长：23 cm　宽：42 cm　高：42 cm

日新月异　岫岩花玉　王世伟

长：25 cm　宽：31 cm　高：42 cm

龙虾　岫岩花玉　王世伟

赏玉

- ◎ 高古玉器
- ◎ 中古玉器
- ◎ 明清玉器
- ◎ 近代玉器

赏玉

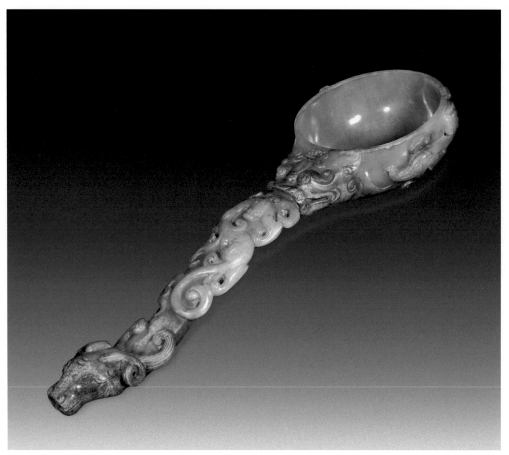

长：32 cm　高：4.5 cm

白玉龙柄斗

　　如果说喜欢是一份十分美好的坚持，那么欣赏应该就是对一种文化的认知，而收藏却又是很复杂的一件事。一件玉器从喜欢、欣赏到收藏，可以说是一个相当漫长的学习过程。喜欢一件玉器也许不需要什么理由，但欣赏一件玉器就可能是出于对自我修养的价值认同了。

一件来自于久远年代的古老玉器，藏匿着虚幻人生命运的复杂内涵，在沉寂幽静的洪荒世界里意味深长地漠视着一切，它们的存在通过人类文明进化的万年浮沉得以体现。很少有人会认识到，自己的生命、人格的本质，以及才能和勇气都只不过是表达了一个信念，每一个伟大或平凡的思想都不属于个体，而是属于一种制度和道德所带来的不可抗拒的力量。一件玉器所承载的，正是这样一种不可逆转的悠然使命。

人类历史是自然界循环的一部分，我们生活在太阳下古老的星球上。

在中国大地上埋藏着十分丰富的人类化石和旧石器时代的遗物，其遗址遍布我国东北、华北、华中、西南、青藏与台湾。用以制造旧石器的石材是石英、砂岩、石英岩、水晶、燧石、玉髓、玛瑙、闪长岩、蛇纹石、玉石、火山岩、硅质岩、花岗岩、透闪石等等多种岩石，其中的水晶、玉髓、玛瑙、玉石、透闪石、蛇纹石等美石，就是现在被认为广义的玉器，也是我国玉器最初的萌芽。从它诞生之时即与石器共存，其功能也与石器一致。在先民眼里玉器和石器并没有什么区别，也就是玉、石俱在。经历了数十万年玉石并存的历史时期之后，对两者的差别才慢慢有了新的认识。

至距今七八千年的原始社会后期，出现了装饰精美的玉器，比较典型的是辽宁新乐遗址出土的蛇纹石石凿，还有距今约5500年吴县草鞋山的崧泽文化残玉璜是经鉴定确认的软玉。此后，在北方内蒙古东部、辽宁西部地区的红山文化出土了蛇纹石、硅质岩、松石等玉器；南方的太湖东南沿岸地区的良渚文化遗址出土了透闪石、阳起石等制作的各种玉器；关中、中原及山东地区的仰韶、龙山诸原始遗址出土了角闪石、南阳玉、石英质等材料制作的玉器。这长达60万年的南北广大地区出土的玉器之原材，除了个别之外，均取之距其住地不远的地点，也就是就地取材之美石、美玉。但陕西省西安市半坡仰韶遗址中出土了一件玉斧被确认为是来自和田的角闪石玉制成，这说明和田玉在距今6000年前已被运至关中，打破了原始社会就地取材的惯例，同时说明和田玉被人们尊崇至今不是没有道理的。

和田玉被首次发现和利用，应该是早在千万年前，当时的人类就已经认识到了和田角闪石玉的美感与灵感上的价值，才使之运往东西两翼之遥远地区，距今3300多年的武丁妇好墓出土的大量的和田玉玉器就是有力的证明。这些出土的和田玉器，不仅标志着殷王朝对和田玉有着不同于前人的崭新认知，以当时的人力物力而向遥遥万里之远的和田地区取玉，也代表着对和田玉有着较高的价值认同。无论通过何种途径取得为数可观的和田玉，以充作王室的玉器原料，都说明殷王朝时期的人们已经真正认识到和田玉的美及其本身特有的价值。可以说殷王室是和田玉最大的所有者，纣王是它的最为富有的代表人物。

长：11 cm 高：23 cm

绿松石夔龙豆

长：11.5 cm　高：22.5 cm

白玉双龙耳卣

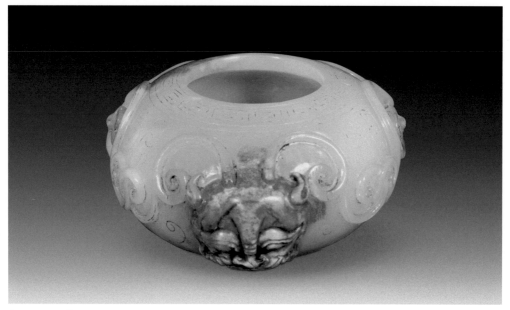

长：7.5 cm　高：4 cm

白玉兽纹盂

商殷、西周时期和田玉取代了地方玉的礼制、祭祀、等级、聘礼、会盟、敛尸等社会功能，与统治势力发生了密不可分的关联。到春秋时期出现了"重玉轻珉"的争论，也是和田玉的价值观深入了新的社会集团之后又获得了前所未有的生命与机制，这是上层社会崇尚和田玉而贬低其他各地玉材的反应和渗透。春秋晚期子贡向孔子请教"重玉轻珉"的社会原因及和田玉的优越性，孔子回答子贡时特别指出不是由于玉少珉多而出现了重玉轻珉的社会风气，而是因为"夫昔者君子比德于玉焉"，接着以儒学诸观念与和田玉的诸本质的物理特征做了伦理的、形象的对比，以说服子贡。最后以"诗云：言念君子，温其如玉，故君子贵之也"，做了颠扑不破的结论。

到了东汉时期，许慎编撰辞书《说文解字》时概括了历史传统的儒学观点，首次提出了完整的玉的概念和定义。许慎诠释："玉，石之美，有五德：润泽以温，仁之方也；角思理自外，可以知中，义之方也；其声舒扬，专以远闻，智之方也；不挠而折，勇之方也；锐廉而不忮，絜之方也"。许慎的观点使后期人们对玉的认识有了新的进步，所谓"玉，石之美"包含了二层意思，一指玉是石属，却不同于一般的如青石、油麻石、白石、砂石等石材，二是石之美者才是玉，一个"美"字该如何定义呢？过去对于这个美的理解，通常指它的质地、光泽、色彩、硬度、比重等物理特征，这是对的，但却又是不够的。许慎的《说文解字》，恰用一个美字，对玉和石做了区别。

有了孔子等先哲以玉比德及东汉许慎奠定了玉字的含义，从而致使中国文化史和玉器史两脉相交，君子比德于玉的概念一直延续至今。古有帝王将相、文人墨客，今有古玉爱好者、收藏家，对玉的喜爱，除了石之美者的定义取舍，更有君子之风的人文追求。就某种意义而言，玉器在精神领域亦已成为不同时代的文化标识。

面对如此众多的玉材，即便是古人，也有着真伪鉴别的困惑，也不得不对流通于世的、品种众多的玉材等次与真伪进行诠评与鉴别。他们往往从质地、色泽、声响等不同角度来辩证玉之真伪优劣。玉既有真则必有伪，似玉非玉的美石或彩石也常混迹于玉材之中。古人以色、声两点作为辩玉的标准，所谓"玉声沉重，而性温润"，正是人们对玉的印象和感觉。当然，由于我国的古玉材已是文化现象和观念形态上的玉，并非指纯自然形态或纯矿物学上的玉，鉴别真伪，不能仅仅凭色、声以判断。

长：10 cm　高：7 cm

白玉龙首盂

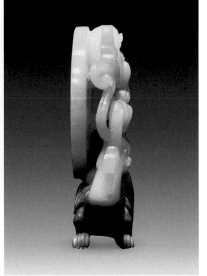

高：13 cm

白玉镂空雕螭龙璧

长：12.8 cm　高：9 cm

白玉龙凤觥

长: 8 cm 高: 12 cm   青玉双龙谷纹玉环

长: 9.7 cm 高: 6.5 cm   白玉镂空雕玉佩

长: 14.7 cm 高: 18 cm

白玉兽面四足鼎

高古玉器

人们习惯于把汉以前的玉器称为高古玉。高古玉产生的年代久远，材质芜杂，琢治水平参差不一。由于主要使用者、享受着多为王公贵族，从而使高古玉的造型、纹饰等方面都充满了一种难以琢磨的神秘感。正是因为高古玉所使用的材料大多是就地取材，材质比较差，这就使一些仿制者有机会有条件按图索骥，仿制了大量的仿高古玉器。由于仿品甚多，一旦有年代可靠、来源正确的高古玉，只要一露面，就动辄有百万以上的交易筹码相加，已经成为许多有实力藏家的投资首选。

中国最早的玉器产生于 7000 年前的辽东半岛，那是用岫岩玉琢治而成的斧形器。此后，从现今发现的出土玉器来看，又有兴隆洼文化、新乐文化、红山文化、大汶口文化、龙山文化、河姆渡文化、良渚文化、马家浜文化、青莲岗文化等许多史前遗址出土的玉器。这些不同时期、不同地域出土的玉器，具有基本相同的文化特征，也有品类、功能、造型上的不一样。所以，对于原始文化玉器的品赏，一般都以红山文化玉器为北方原始玉制作体系的代表，以良渚文化玉器为南方原始玉制作体系的代表。

原始文化玉器在客观上反映了新石器时代晚期的先民们，在生产力水平低下的情况下，所流露出的对饥饿、对野兽的恐惧，对疾病和死亡的应对方式，以及对美的真心追求。可以说原始文化玉器，实际上已成为当时社会中的代言手段和表达方式，它既是先民们精神生活的一部分，同时也是原始艺术的重要载体，这些也都是现今收藏原始文化玉器所看重的历史价值。

红山文化因 1935 年内蒙古昭乌达盟赤峰红山遗址的发掘而得名，距今五六千年。红山文化玉器是 20 世纪 70 年代末在红山文化遗址上陆续发现的以大型玉龙为代表的一大批精美玉器。这些玉器是居住在那里的先民们以坛、庙、冢为核心的原始宗教信仰和祭祖、祭神活动的重要组成部分，分布的范围包括内蒙古东部、辽宁西部，以及河北、吉林的小部分地区。红山文化玉器以鸟兽形占绝大多数，其中有现实题材的动物群，如龟、鳖、鱼、燕、鹰、蝉、猪、熊等；也有想象模拟的神灵，如玉龙、玦形龙（猪龙）、玉瑞龙、兽面丫形器、双首兽、勾云形器、二三联璧、三孔器等。这些玉器都是用于祭礼、崇拜，是原始宗教活动的信物。红山文化玉器基本上都有钻孔，都可佩挂。

红山文化玉器的特征首先是注重玉材本身的美，制作材料主要是岫岩玉、宽甸玉和类似新疆玛纳斯碧玉的深绿色玉，这些材质带有极其强烈的地域色彩。作品多呈淡青、淡黄、苍绿、墨绿和白、黄褐色，所呈现的色彩很悦目。现在不少造假者混淆概念，把古代玉器所用材料

长: 16.5 cm　高: 25.5 cm

白玉双连瓶

都称之为"玉"，把其他玉石甚至有色花岗石，采用表面钙化的手段，造成斑驳的古玉表象，以此蒙骗那些刚入门的古玉爱好者。

红山文化玉器的器物表面以素面为基本特征，即使有少量线状雕饰，也只是极其简易地表现鸟头羽翅或兽类獠牙，仅让人意会而已。红山文化擅长从整体上把握对象，追求神似，造型概括、洗练，勾云器多衬以宽绰的凹槽（瓦沟纹）来体现云团的神秘、厚重；兽形玦以恭俭、憨厚的体态传达先民们对神兽的亲近感。这些造型手段和表达方式与玉材本身的特色有机结合，造就了红山文化玉器雄浑质朴的风格。另外，红山文化玉器多片状，且边缘更薄，呈刀刃状。器件一般都在背面钻孔，钻孔方法多为两面打孔，也有一面钻孔的，呈喇叭状的一头大一头小的孔。红山文化初步采用圆雕、透雕、两面雕、浮雕和线刻的表现方法，虽不细腻但很到位。由于采用了多种表现方法，动物题材的形象都显得比较生动。

红山文化玉器的发现是近几十年的事，数量不是很大，有几千件。民间也有流传，但价格不稳定。纽约佳士得拍卖公司曾经拍出过若干件红山文化玉器，其中一件兽形玦成交价为8050美元，一件马蹄形器成交价85000美元。北京翰海艺术品拍卖公司曾经也拍出过一件兽形玦，成交价高达264万元人民币。而在英国伦敦，两件猪龙玦的拍卖成交价仅1.3万英镑。在目前国内外的古玉交易市场上，中国高古玉无纹饰的器物，市场价格都偏低。

良渚文化因1936年浙江省余杭县良渚镇新石器时代晚期遗址的发掘而得名，距今四五千年。在20世纪70年代的长江下游地区和太湖流域很多良渚文化的遗址大墓中，出土了不少造型独特的玉器，其分布范围包括江苏省吴县草珪山、张陵山、武进县寺墩，浙江省文山、瑶山等。

良渚文化玉器以精细的兽面纹、鸟纹、蛙纹、云雷纹以及神人兽面纹的复合图案而惊世骇俗。这一时期对于玉器使用量之大，也是空前的。所以，良渚文化玉器和红山文化玉器，构成了原始文化中玉器艺术的南北两座高峰，其对后世的影响至今犹在。红山文化玉器表现的是原始宗教对日月、山河、动植物的崇拜，而良渚文化玉器更多的则是表现了对先祖和鬼神的崇拜，并且融合了图腾崇拜的内容。

良渚古玉并不以大取胜，而是以精巧见长。其深沉、严谨、对称、均衡的美学特征在每一件古玉上都得到了最完全的应用，虽然缺乏红山古玉的灵气，但线刻技艺却达到了后世几乎望尘莫及的高度。这一时期的礼仪玉是贵族们在进行宗教祭祀、征伐、宴飨以及丧葬活动时，举行仪式所用的玉器，其造型独特，由此成为中国上古时期传统礼玉的重要源流，主要造型

高：7.6 cm

青玉跪人

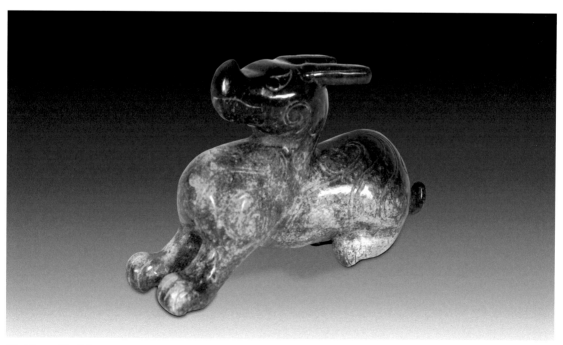

长：10 cm　高：6.5 cm

青玉鹿

有琮、璧、璜、玉钺等。良渚文化中用作礼器的琮、璧、璜、钺，都以当时最好的玉材制作而成，琮代表神权，钺象征军事统帅权，璧、璜体现财富、族权、尊贵与威严。

良渚古玉中的礼仪作品几乎都饰有令人叹为观止的人神复合图案，突破了先前玉器光素无饰的传统风格。观察良渚玉器的外在玉质，可见良渚文化玉器大多失去了原有的透明光泽而呈粉白色，这是由于长期埋在地下受到潮湿土壤侵袭的缘故。即使受沁程度较低的玉器，其能分辨出来的颜色也是黄绿色和黄褐色，属于透闪石—阳起石系列的软玉，少数为叶蛇纹石和石英。

良渚文化玉器的艺术特点是非常注重头部的刻画，特别是以眼部的表现为中心，结合了神性、人性与兽性，是新石器时代独特的神、人、兽三合一的三面综合体，其存在的意义接近图腾的原始信仰。良渚玉器的主要雕刻手法以"剔地浅浮雕"较为常见，展现出的艺术价值一直为古玉爱好者所追崇。自国内拍卖行业兴起至今，还未曾出现过制作精良的良渚神人兽面纹玉琮，境外大拍卖行近十几年也未曾出现过，想要领略这种具有代表性的神灵之物，只能去国家博物馆。良渚文化的神人兽面纹玉琮是中国玉器史上的无上瑰宝，绝不仅仅是市肆交易流布的掌上玩物。

夏商周时期的玉器兼容并蓄，集前代玉器之大成，在动物造型方面，吸收了红山文化玉器的特点，巧妙运用浅刻，造型生动活泼。礼器方面则受良渚文化玉器的影响，其庄严、肃穆、神圣之感不减。春秋、战国时期的玉器绝大多数有纹饰，不留空白，突出繁复。

高古玉是中国玉文化的源头，历史文化信息含量极为丰富，具有很高的历史价值、文物价值和收藏价值。目前，国内买卖高古玉的市场还没有完全开放，出入境都受到相关法律的限制。即便如此，由于我国古玉器回流产生的强大吸附力，致使境外玉器存量在迅速递减。而从国内不断顺流出境的，则是大量的现代仿古玉器。但不管是顺流、回流，都代表着古玉器市场的活跃。这些年，高古玉也出现了复萌的势头，一些年代可靠、文化特征明显而又传承有序的高古玉，价位飙升居高不下。从国内外各大拍卖行的交易情形可见，高古玉的市场已然符合"物以稀为贵"那样一个收藏规律。

就存世量来说，真正的高古玉相当稀少，而从玉质、品相、用途、出土时间、传承历史等各方面考察，均可树传的高古玉更是吉光片羽、寥落晨星。就某些拍卖高古玉的成交记录上看，高古玉的交易结果参差有别，在正当交易结果的前提下，那些真正可以树传的高古玉器，极有可能在昙花一现后便遁迹于世，不可再睹其庐山面目。而材质、品相等极其一般的那些，即便仍属真正的高古玉，交易价格也不会太高。至于仿品，或为人所取，或为人所弃，意涉赌输赢，无以为论。

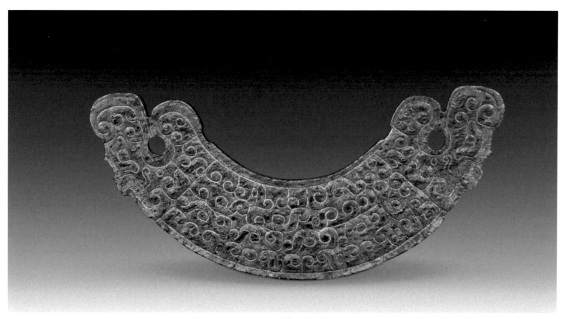

长: 11 cm

蟠虺纹玉璜

直径: 9.3 cm 高: 2.2 cm

白玉蚩龙环

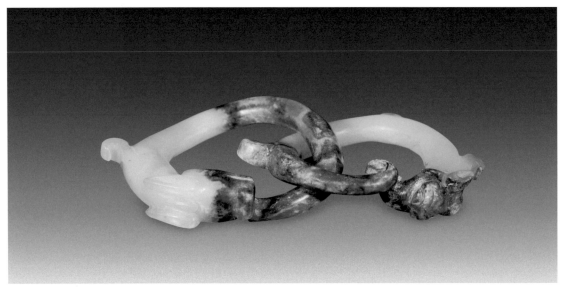

长：8 cm 宽：3.5 cm   **白玉双龙活环**

长：5 cm 宽：11 cm   **白玉龙**

长: 10 cm 宽: 14.2 cm

青金石瑞兽

长：14.5 cm　高：14 cm

青金石簠

长：12 cm　高：27 cm

青金石活环双龙耳瓶

长：10.3 cm　高：7.5 cm

绿松石瑞兽

长：10 cm　高：17 cm

绿松石觚

长：23 cm　高：20.5 cm

绿松石兽耳三足炉

长: 13 cm 高: 10.5

白玉螭龙觿

长：12 cm　高：22.5 cm

白玉双龙耳对罍

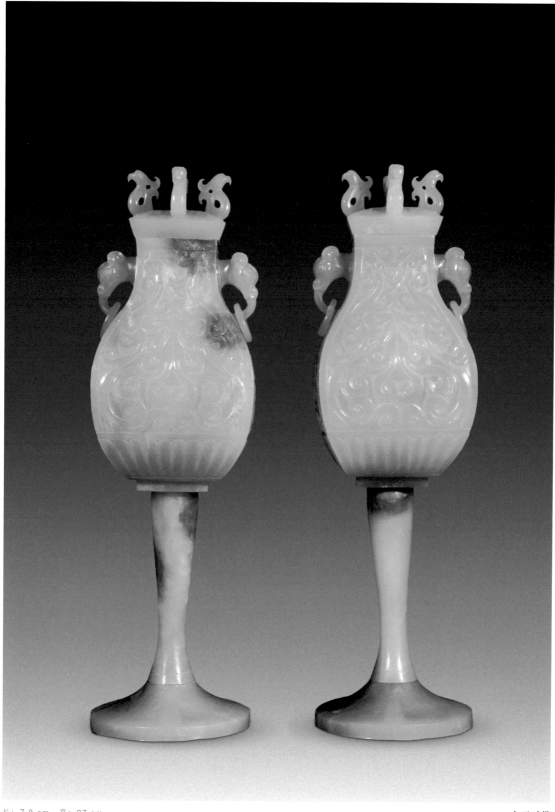

长: 7.8 cm 高: 27 cm

白玉对供

高：7 cm

青玉罴

长: 12.3 cm 高: 34.2 cm

白玉九龙单凤圭（正反面）

中古玉器

中古时期唐、宋、辽、金、元的玉器，则和高古玉器不同，中古玉器在海外艺术品市场炙手可热，沸沸扬扬，国内市场反而识者寥寥。

唐代玉器主要有装饰品和艺术品两大类。比较有代表性的装饰品是作为头饰的步摇、梳背、带镑及一些小型佩饰。艺术品主要有仿生玉雕件、玉器皿，这类器物在雕琢工艺上吸收了金银细工、绘画、石刻艺术中的表现手法，改变了汉代玉器雄浑豪放、不拘一格的风范，将同时代金银器细致的做工、雕塑豪迈的刀法和绘画的笔墨韵味有机地结合起来，采用写实的手法，以圆雕、浮雕表现玉器的外形轮廓，以较细较密的细刻阴线体现其内在神韵。

宋代玉器以精美见长，主要的表现手法是已被广泛应用的镂雕艺术。题材多为日常所见的花卉、飞禽，图案清新雅致，比例协调，形神兼备，明显受到宋代院体画的影响。在形制和纹饰上注重对称均衡，在图案化的形体上透出浓郁的生活气息，达到了生活和艺术的高度统一。阴线雕刻细若游丝，线与线的间隔相对宽松，呈放射状。

辽、金玉器的主要特点是看上去平淡无奇，但仔细琢磨又觉得回味无穷。其造型不拘一格，随意性很强。许多作品都体现出清者自清、浊者自浊的写实风格。用镂雕的方法琢治的花鸟禽兽玉饰，在辽、金时期相当发达。这类玉饰外形有三角形、长方形和圆形，因材施艺，用镂雕表现层次、以浮雕突出重点、以阴线刻画细部，这是辽、金时期玉雕在整体结构上求得和谐与变化、均衡与凸显的重要手段，形成了这一时期的玉器雕琢特色。

元代玉器明显带有辽、金时期的遗风，雕刻方法以浅浮雕、镂雕和圆雕与阴线纹结合。带钩、带扣上加镂雕纹饰是新创的造型和艺术修饰方式。元朝是蒙古族人统治的天下，玉器制作也必然会带上蒙古人生活习俗的题材，尤其表现在元人的服饰上。冒顶就是元人朝会的佩饰件，玉带的图案也有元人形象的题材，民族风格浓郁。

唐、宋、辽、金、元时期的玉器，身处中国政治、文化、经济的多元化阶段，维系着渊源传承意识的，就是代代相传的器物文化。正是由于这一历史阶段的多元文化，才导致了玉器制作形式、内容异彩纷呈之格局的形成。所以，这一历史时期的玉器在海外市场受到了充分的关注。据不完全统计，海外市场收藏家对中古时期的玉兽、玉人物钟爱有加，一些大的玉器收藏者定向收集，不遗余力。而有些玉商则定向经营，在经过严格鉴定的前提下，交易价格少则几万，多者几十万，甚至上百万美元。虽然中古玉器的交易价格偏高，但其中不存在泡沫的成分，

长：11 cm 高：25.2 cm

白玉六臂观音

供需基本平衡,市场运行稳而坚实,逐渐对国内中古玉市场形成了强有力的影响。

中古历史时期的玉器存世量很小,能够进入流通领域的数量几近静止状态,基本上不可能在市场上形成独立的交易规模。这就走向了"物以稀为贵"的反面,过于稀少的藏品,在断代以及真伪标准器上,都难引起藏家的注意。和者盖寡,这是中古玉临界市场交易中的一个不容忽视的问题。尤其是国内,鉴定标准和理论的不明确,将大大地影响到收藏投资者的信心。

高古玉所用玉材多是就地取材,玉、石并用,完全是"玉,石之美者"的词条诠释。而中古时期的玉器,则大量地采用了和田玉材,质料上等、琢治工艺精良。透过玉造型,真实地反映出琢玉时期,地位、民族等文化内涵,这种玉文化展现之全面,是高古玉、明清玉所难以企及的,这是阅读中古玉文化最为核心的部分。

对于玉器收藏者来说,玉器材质的优劣是判断交易、收藏价值的重要因素之一。在这一时期内的玉器可以分为前期、中期和后期,前期是隋、唐时期,中、后期是宋、辽、金、元时期。前期隋唐的器物可谓少之又少,甚至比高古玉的量还要少。一旦藏品稀到极致的时候,就会游离于市场份额之外,必然不会得到大多数收藏者的关注,难以形成一种倾向性的价值特征。然而,中古时期的玉器毕竟不是硕果仅存的孤品,存世量的稀少是相对而言的,那些来源正确、质好品真的隋唐玉器,仍然有着令人刮目的价值记录。而中、后期宋、辽、金、元的玉器相对前期来说,存世量大大增多,题材也更为丰富多彩,有人物、走兽、花草、飞禽等各种样式。这种客观存在就为一个收藏群体的形成,提供了重要的生存空间。收藏中、后期中古玉器群体的发轫,是 20 世纪 90 年代初从港台开始的,就市场价格来看,基本是在平稳中年年走高,特别是那些玉质上佳、雕工精细、风格鲜明、形象生动的作品,一旦进入市场,价格便扶摇而上,很受欢迎。

白玉鱼形挂件

长：16 cm　高：9.5 cm

镶金双龙玉杯

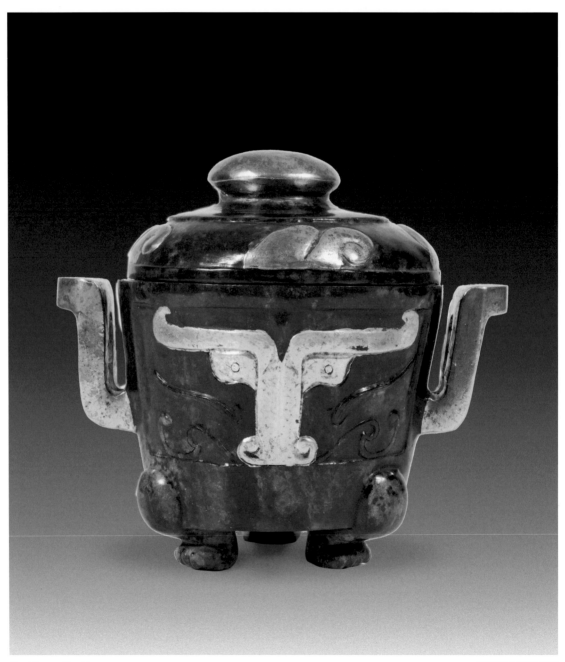

长：13 cm　高：12 cm

青玉镶金双耳盖鼎

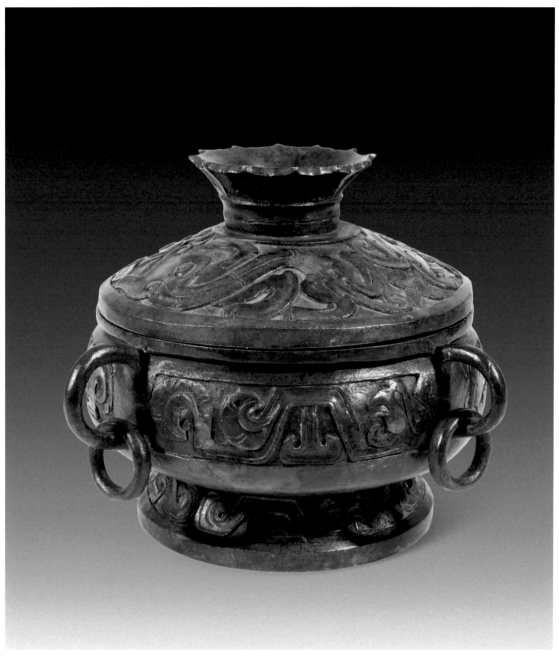

长：15 cm 高：22 cm

青玉活环贴金缶

长: 22 cm　高: 12 cm

青玉贴金卧牛

长: 16 cm　高: 10 cm

青玉贴金狗

长：5.8 cm　高：3 cm

红刚玉马

长：4.6 cm　高：3 cm

红刚玉猪

直径：6 cm

白玉镶金活环门扣

长：15 cm　高：5 cm

青玉镶金龙带钩

长：7.2 cm　高：3 cm

白玉镶金蟾

长：6 cm　高：7 cm

青玉贴金鹤

长：1.5 cm　高：10 cm

红玛瑙玉人

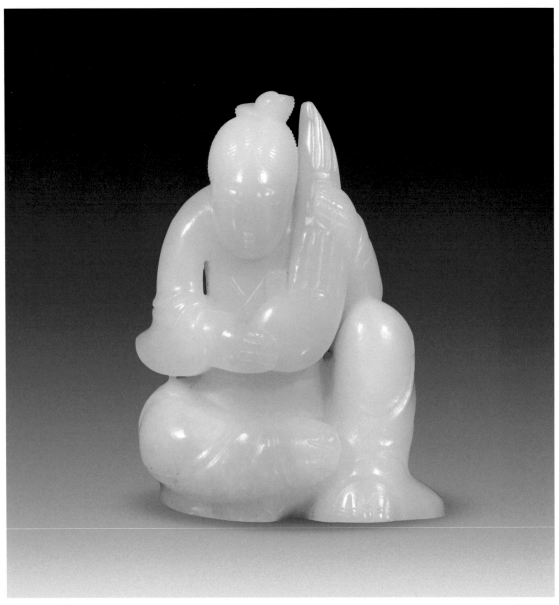

长：6.5 cm　高：9 cm

白玉乐姬

长: 4 cm 高: 6 cm

白玉海东青捕天鹅佩

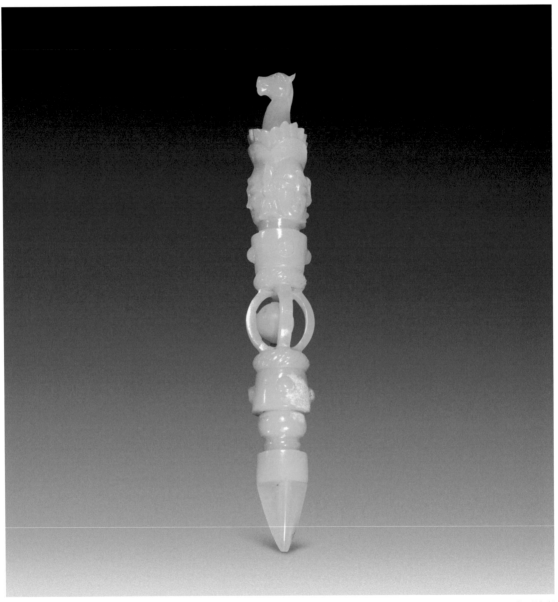

长：2.5 cm   高：17.7 cm

白玉法器

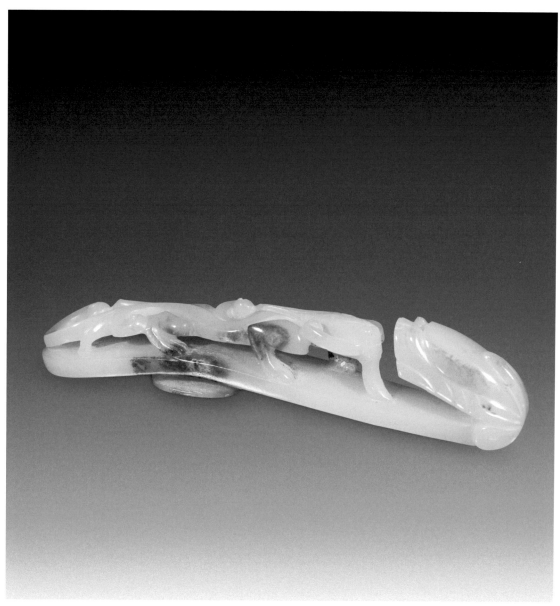

长：14.8 cm　高：3.1 cm

白玉苍龙教子带钩

明清玉器

明代自朱元璋迁都北京之后，城市经济繁荣，手工业发达，商品生产增长，海外贸易频繁，整个工艺美术为商品生产和外销所支配，出现了追求数量、忽视艺术的不良倾向。玉器艺术也出现了商品化的趋势。玉器胎厚重、造型呆板、做工草率、装饰繁琐，即便是御用玉器中质优工精者也较少，往往与金银宝石镶嵌工艺结合，以补玉质做工之不足。但也有相对不错的小件玉器，如玉带板、祭酒器、文房用具等新型玉器，且仿古玉"如式琢成，伪乱古制"。在宋人仿古玉的基础上创造了一整套仿古技术，有仿汉代玉钩环等器皿的，有仿古代肖生玉神兽与瑞禽等的。虽在玉质、做工、仿古技术上颇为可取，但缺少汉代之博大和唐宋之传神的艺术魅力，有的是隐晦的、古色古香的时代烙印。

明代玉器的工艺中心是苏州的专诸巷。那里名匠辈出，人才济济，对各地治玉工艺产生了较大的影响。陆子冈即为杰出代表，他兼工时做仿古，无所不能，鬼斧神工，名扬四海，故仿陆之伪品甚多。

清军入关，统一全国之后，实行了一系列的治国政策，团结汉族和少数民族，发展生产，繁荣经济，出现了"康雍乾盛世"。但清代玉器的生产受到玉材来源的制约，发展情况和清代经济盛衰并不完全吻合。清代顺治、康熙、雍正及乾隆前期，叛乱频仍，和田玉不能大量运送，故玉材匮乏，价格昂贵，内廷和苏浙玉业制作中心的发展均受到了很大影响。直到公元1755年之后，清政府平息叛乱，对西域可直接行使行政管辖权，打通了和田玉内运的通路。自此后，和田玉大量运往内地，充斥皇室宫廷和各大玉肆，促进了玉器工艺的迅速发展，出现了中国玉器史上最为昌盛的时代。帝王玉直接受清内廷画院艺术的支配和影响，做工严谨，一丝不苟。有的碾琢细致，如雕似画，有的在抛光上不惜工本以显示玉质温润晶莹之美。

清代重白玉，尤其是羊脂白玉，但也有小部分黄玉亦受爱重。皇家玉作有养心殿造办处玉作和如意馆，另由苏州、江宁、杭州、扬州、长芦等八处织造、盐政和钞关设玉作为皇家治玉，由此可知清王朝御用玉器的规模是相当庞大的，而乾隆皇帝也是历史上最大的玉器占有者和古玉收藏家，对清中期以后的玉器艺术及古玉考证都影响重大。最负盛名的琢玉中心仍是苏州专诸巷，内廷玉匠也多来自此地。而扬州玉器制作后来居上，善于雕琢成千上万斤特大件玉器，《大禹治水山子雕》即为代表之作。

乾隆晚期更是掀起了帝王玉和城市玉的高潮，仿古玉器在宫廷和大城市得到了更大的发展，并且形成了自己的特色。宫廷仿古玉以返璞归真为宗旨，仿其大意又有所发挥。地方仿

长：12.5 cm　高：7.5 cm

琥珀虎

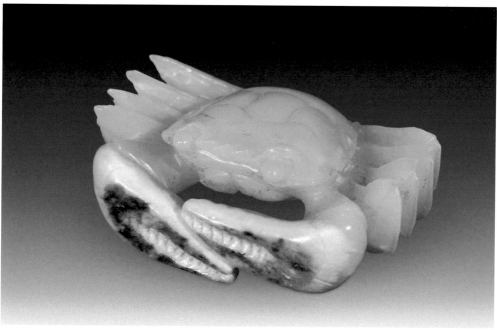

长：6.4 cm　高：2.7 cm

青白玉蟹

古玉为了追逐较高价值，也各行其是，应有尽有。莫卧儿玉器，也就是被乾隆称为痕都斯坦玉器，从乾隆早、中期通过进贡和交易进入宫廷，被乾隆推崇备至，赋诗以志其盛，并命工匠仿制。其造型、图案及工艺，对清代玉器产生了不小的影响。

　　清代玉器的特点是善于借鉴绘画、雕塑及其他工艺美术的元素，集阴线、阳线、平凸、隐起、起突、镂空、俏色、烧古等多种传统工艺，集历代艺术风格之大成，又吸收了外来艺术影响并加以糅合与变通，创造与发展了工艺性、装饰性极强的玉器，有着鲜明的时代特征和较高的艺术造诣。乾隆时代玉器以其精雕细刻、典雅华丽的风格独步一世，其深远的影响力一直波及至现代玉雕工艺。

长：4 cm　高：5 cm

白玉佛像

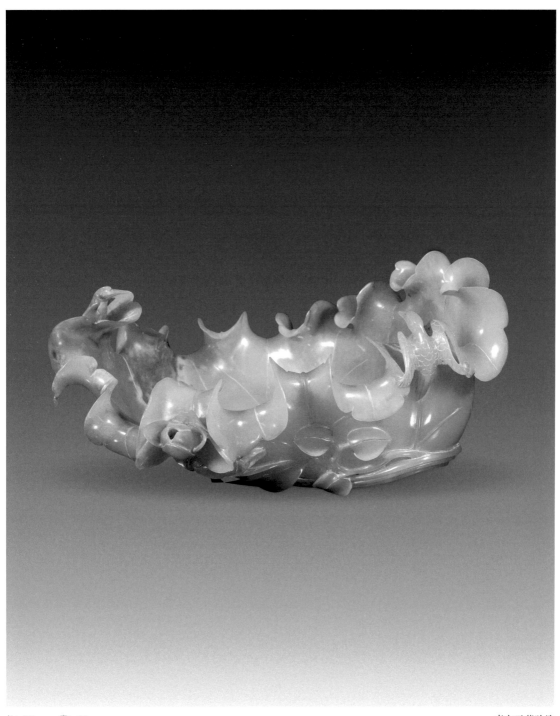

长：23 cm　高：12 cm

青白玉荷叶洗

长：6.5 cm　高：3.5 cm

白玉狻猊

长：7 cm　高：15 cm

白玉荷花洗

水晶珐琅彩杯（局部）

水晶珐琅彩杯（局部）

直径：9.1 cm　高：9 cm

水晶珐琅彩杯

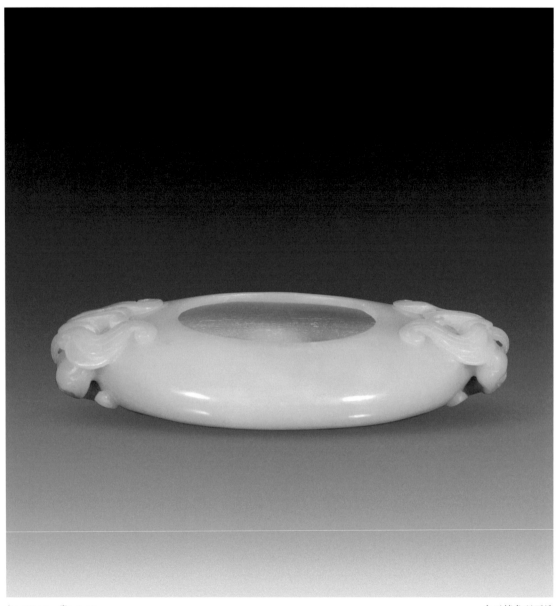

长：17 cm 高：3 cm

白玉螭龙双耳洗

长：9.5 cm 高：5 cm

白玉童子

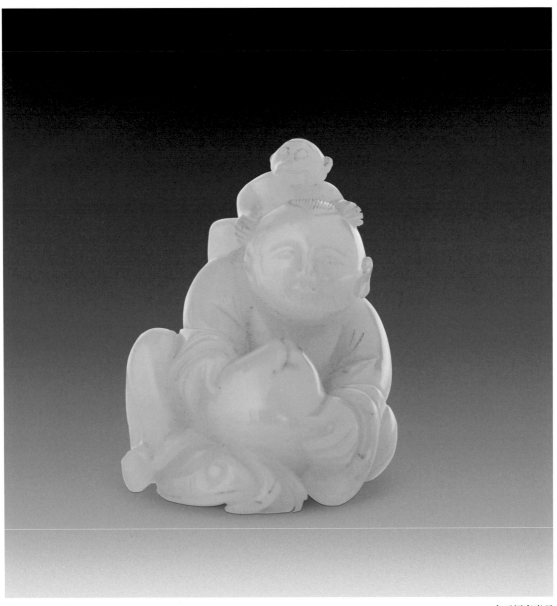

长：3.5 cm　高：4 cm

白玉福寿童子

近代玉器

近代玉器关注者少，研究也少，至少在20年以前还被认为是新玉，稍有藏玉经历的人都不会对这时期玉器投资，但现在民国时期玉器已经慢慢上升到老玉地位，也已受到普通收藏者的认可。

清代玉雕空前繁荣，玉器种类、数量繁多，玉器造型极为规整，方、圆、弧、折的雕琢一丝不苟。玉器底子平、雕刻线条直，尖如锋锐，圆似满月，棱角分明。玉器表面抛光细致，多呈油脂或蜡状光泽。晚清慈禧太后特别嗜好缅甸翡翠，因此清末出现了翡翠开发、鉴赏和收藏的热潮。承清而立的民国，延续了翡翠市场的兴盛，并开拓了国际市场。玉器尤其是翡翠制作的工艺品，大规模地输入到了日本、美国、英国、法国、俄罗斯等国家，被收藏家或博物馆收藏。

由于当时收藏玉器的多是一些港台同胞或华侨，普通百姓很难接触这个领域，也没有购买能力，再加上民国时期的社会状态风云变幻，动荡不定，玉雕行业也经历了很大的衰变，很多玉器作坊尤其是小规模经营的玉器店纷纷倒闭。当时不少琢玉工人只能在家里自制小件销售，以维持生计。民间作坊的原材料以岫岩玉为主，也有青白玉和碧玉。当时玉雕匠人的工作条件异常艰苦，没有电灯，只能用蜡烛照明；没有抛光工具，只能用牛皮来抛光玉石，使其呈现玉色。也有很多玉雕工匠流落他乡，原有家族传承玉雕工艺的业态也被瓦解。

整个民国时期，玉器设计、雕制、创新等几乎处于停滞状态，更多的是仿制古玉器，包括仿制高古玉和明清玉，以满足市场对古玉收藏和佩戴的大量需求。民国时期另外一个玉器制作的特征就是以翡翠加工为主的"改制"，即将清朝的一些款式比较陈旧的翡翠饰品改制成其他款式。

民国初期位于天安门前门位置的廊房二条，是闻名全国的玉器街。玉器街加工翡翠、和田玉，包括来自天山玛纳斯的碧玉等，此外，还有金绿猫眼、祖母绿、红宝、蓝宝、星光红宝、星光蓝宝、珍珠、欧珀等宝石交易。民国时期著名的"翡翠大王"铁宝亭也是在廊房二条起家，铁宝亭是翡翠"改制"的行家里手。

然而，无论时代如何变迁，始终阻止不了玉器文化的发展。玉雕这门古老而又神奇的艺术，它贯穿了中华民族的伟大历史，更见证了华夏民族的沧桑与辉煌。玉，早已深深地融合在中国传统文化与礼俗之中，充当着特殊的角色，发挥着其他工艺美术品所不能替代的作用。

现今的古玉收藏者，不少人看准了民国时期的老岫岩玉作品，一是这批老岫岩玉承明清两代的遗风，与现代仿古玉存在较大的历史隔膜，有历史传承意义；二是存世量不多；三是老岫岩玉玻璃质感不是很强，现在基本绝迹。从收藏意义来看，第一，可以辨别民国时期利用岫岩玉仿制的御用玉器和真正的御用玉器的区别；第二，可以辨别现代利用新岫岩玉仿制的民国乃至清代的玉器。在古玉交易中也经常看见民国时期用青白玉雕制的摆件，如瓶、炉、香熏等，还有鼻烟壶、印盒等小件物品。

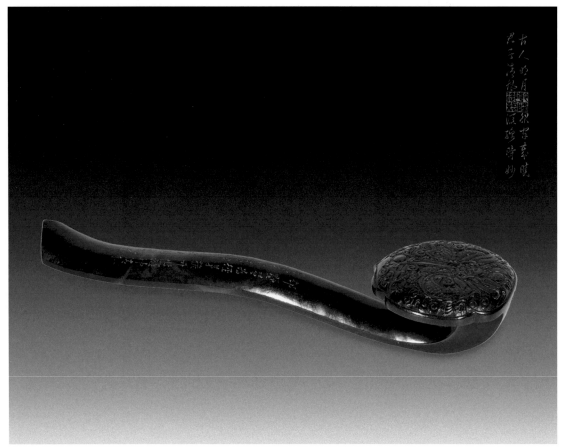

长：37 cm　高：5.5 cm

碧玉如意

长：3.5 cm　高：5 cm

白玉望子成龙牌

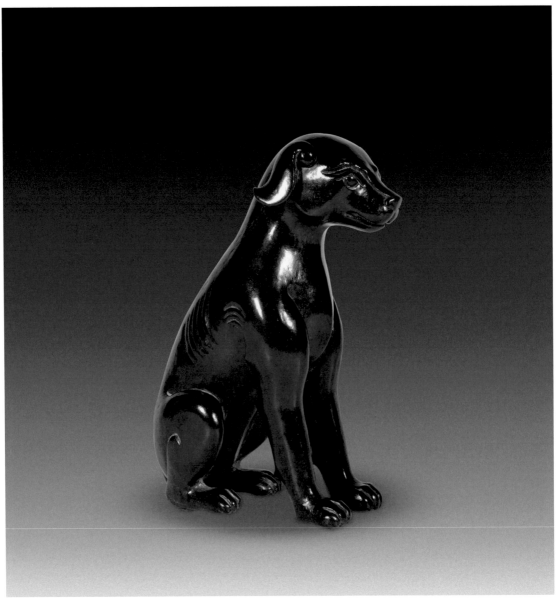

长：13 cm　高：19 cm

墨玉狗

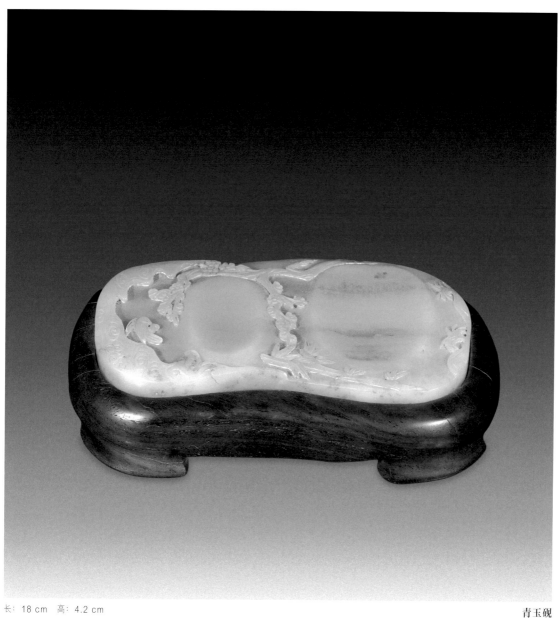

长：18 cm　高：4.2 cm

青玉砚

　　既然对玉的喜爱和欣赏，自古以来就是一种文化现象，那么学会辨别和鉴赏，就需要用深厚的文化底蕴来支撑，所以这是一个漫长的学习过程。而收藏玉器，又与简单的喜欢和欣赏不同，是一件极为复杂的事情。因为在收藏这一行为的实现上，体现着太多的相互矛盾的事物之间的作用。在价值观上，更多的人希望以少量的金钱换取数倍于投资的藏品，怀揣着所谓"捡漏"的侥幸心理。在道德观上，不少人希望把他人的珍品用普通的价格收归己有，又有人希望将手里的赝品用真品的价格脱手于他人。而在鉴定方法上，专家们无不希望通过自己鉴定经验的文字传授，教会收藏者识别赝品，但客观上造假者正是通过对这些文字的精细模仿与再现，完成了他们在物质上的满足与道德观上的沦丧这一转换过程。一旦鉴定专家的经验传递为造假者所用，在客观上成为鉴定与造假双方共同遵守的标准的时候，收藏者的处境就十分险恶了。

　　实际上现今市场上赝品或高仿品泛滥的主要原因，一是社会经济的高度发展，使不少人在交易市场上能以非收藏型的资金注入，给自己带来了巨大的经济利益，造成收藏交易市场秩序的混乱。在供需失衡的情况下，为赝品的制造交易提供了坚实的社会基础。二是捡漏心理作祟，想以最少的付出换取最高的回报，这无疑为造假者提供了更多的机会，投其所好，真假难辨，使造假市场永远有存活的空间。

　　在鉴定与造假互相对垒的过程中，当收藏者无力彻底杜绝赝品之时，就只能反顾自身，尽快掌握自我防护的本领，首先要做的一件事就是博学广识，掌握相关知识。初级的鉴定只是一种技能，根据器物所表现的外形特征、纹饰、材料等既有因素判断真伪，这需要有一种正确观念指导下的量的积累过程，只要见得多，记得住，就能达到这种技能水平。但这种对真伪断代的判断过程是一种机械的重复，具有很大的局限性。而高级的鉴定则是一门学问，必须到收藏门类以外的领域中寻找鉴定的知识。

　　提高自我防护本领的另一方面，就是要多见他人的鉴定器物特征，多记他人的鉴定结果。想要在鉴定水平上实现质的飞跃，就必须注意对他人鉴定结果记忆的量的积累，这也是过去老古玩店小学徒成才的主要过程。在半个世纪以前，完成这种积累的唯一途径只能是靠观察交易往来中的过眼器物，但现在除了观察实物外，还有大量的图片可供参考，同时还有大量科技技术发展所带来的便利。说到底，收藏者想要提高自身修为和自我防护能力，多看实物，多记与之相应的鉴定结果，是绕不开的一条路。了解了中国历朝历代文化传承和玉器发展史之后，赏玩或收藏一件玉器就能成为一种文化底蕴深厚的雅趣了。

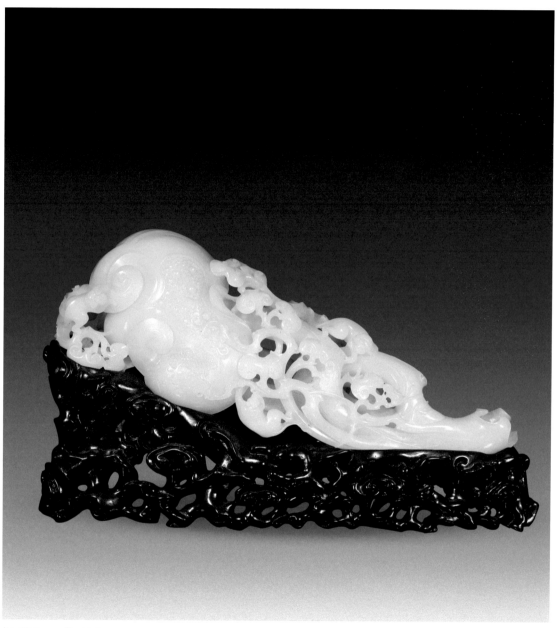

长: 30.5 cm 高: 11.5 cm

白玉摆件

封面故事

　　这件白玉作品是三足圆炉中的一款，也可以叫球炉，它以炉身做成球形，双耳无活环。用立体雕刻雕琢两条完整的龙，三足上虎面饕餮纹饰非常霸气威武，让整个器型更加庄重。炉盖和炉身大面积仿古云纹中还穿插着龙的图腾。炉盖上三条龙纹变化更有特点，三条盘旋的龙，从浅雕到立雕最后形成三只小耳，正好与下面三足相互对应，整件作品造型比例完美无缺，工艺细腻到位，技法熟练流畅，是真正的帝王之器。

高：13.3 cm　白玉三足圆炉

后记

　　本书名为《说玉》，我个人将之理解为"玉说"。和人类短暂的生命相比，玉的存在与人类的历史等长，又岂是某一个微不足道的个人能够对此说三道四的。玉或石，作为古老地球的一部分，见证了人类文明的进化，自有其特殊的语言，沉默着表达自己。

　　二年前上海人民美术出版社的编辑戎鸿杰先生找我撰写此书，我以为只是老友间的闲聊，彼时，他正在为"国家珍宝系列丛书"《说瓷》一书忙碌不堪。想起十几年前我撰写"中国玉雕艺术流派丛书"，当时的选题还是他为我设定的。这么多年之后，再度找我撰写与玉石相关的书籍，说实话，我并没有太激动。也许是见识过太多的玉器精品、绝品、孤品，也认识和走访过全国近二百多位国家级玉雕大师，对我而言，初见精工美玉时的那种兴奋和刺激，渐已转化成某种司空见惯般的淡然，这不是好的状态。但戎鸿杰的一句话打动了我，他说之所以找我来写，并不是我比业内专家、行家更专业、更权威，而仅仅只是因为我没有偏见。

　　我承认，在出版过十几本珠宝玉器类的书籍之后，我仍然没有变成所谓的专家；仍然对玉石这一可雕琢成器的原材料抱持着无比的敬意和畏惧；仍然深信自己某些方面的无知，因而恪守着绝不胡言乱语的信条。所谓偏见，的确没有，无论是对玉石材料，还是对制作玉器的工匠。在我看来，精美的玉器，裸呈于所有人的面前，坦坦荡荡，绝无虚伪矫饰。而人则过度强调自我意识，受制于各种意志和判断的缺陷，不经意地被欲望和幻觉所驱使，迷失在利益得失的权衡之中，以至于无限拉长了和美玉之间原本可以肌肤相亲的间息距离。

　　本书既是"玉说"，所以我尽可能多地给各类玉种"说话"的机会，增加了许多新玉种的介绍。书中收录的精美作品也皆为国家级玉雕大师的新作。此次书中所有作品都摒弃了惯常的分析解说，仅展示作品的本来面目，以留下更多的阅读思考的空间，凭借净化注意力的方法，剥去覆盖在感觉上的习惯的面纱，致使获得洞见来观察玉的内心。但愿读者能够和我一样，在一种温故而知新的饱满中幸福着。

　　本书写作得到了上海、杭州、苏州等地收藏家的鼎力相助，其中真道轩主人王国卿先生精美绝伦的古玉藏品，颠覆了我对玉器工艺的观感，很难想象几千年前的先人们是如何仅以简单的工具来完成此等巨作的。总觉得有些悲情是无意义的，灵魂破碎了，但生命还在苟且，不由得为一种被揭开的真相所迷惑。在此衷心感谢王国卿先生愿意和读者分享鲜为人见的绝世藏品。

　　也要感谢曹晓行先生提供了他所藏的工艺精湛的和田白玉籽料作品。这些极品材料的制作者，都是国家级工艺美术大师和中国玉石雕刻大师，这些屡获大奖的当代作品，足以代表现时盛世的工艺智慧。还有金羽轩主人邵雄敏先生所提供的个人收藏，同样丰富了本书的内容。尤其是澹虑堂主人陈建方先生，为作品拍摄及一应琐事联络奔波，不辞辛苦，在此一并表示感谢。

　　另要特别感谢的是南阳镇平的玉雕大师王振锋先生，是他不辞辛劳，往返于材料市场拍摄新玉种照片，耗费了大量的时间和精力，为本书的顺利完成提供了最实际的支持和帮助。

　　本书作为上海人民美术出版社"国家珍宝系列丛书"之一，在写作过程中得到了该社社长顾伟先生的全力支持。感谢有这样的机会，让我再次体会散落在美石间的真情。最后，不得不提本书的责任编辑戎鸿杰先生，是他的绝对信任，使我得以在一段时间内重温了与玉石日夜相伴的美好，这种感觉与很多爱好痴迷玉石的人所产生的共鸣，就像梦一般舒适。本次写作使我清楚地认识到生活虽然就是一场梦，但不一定意味着要醒来离开，或许还可以继续拥抱这场梦。

2019 年 5 月 30 日于上海

顾问

陈建方　　王国卿　　曹晓行
顾永骏　　江春源　　范同生
刘晓强　　顾　铭　　唐　帅

主要参考文献

《中国文物精华大辞典》国家文物局主编，上海辞书出版社商务印书馆（香港）1996 年出版

《中国玉器全集》杨伯达主编，河北美术出版社 2005 年出版

《和田玉鉴定与选购》马永旺 李新岭著，文化发展出版社，2015 年出版

《翡翠鉴定与选购》李永广 李峤著，文化发展出版社，2015 年出版

《绿松石鉴定与选购》王京编著，文化发展出版社，2015 年出版

《南红玛瑙鉴定与选购》崔文智 崔彤岩编著，文化发展出版社，2015 年出版

《张兰香谈古玉》张兰香著，山东美术出版社，2009 年出版

图书在版编目（CIP）数据

说玉 / 俞伟理著. — 上海：上海人民美术出版社，
2019.7（2022.4 重印）
　ISBN 978-7-5586-1272-5

　Ⅰ．①说… Ⅱ．①俞… Ⅲ．①玉石－文化－中国
Ⅳ．① TS933.21

　中国版本图书馆 CIP 数据核字（2019）第 081094 号

说　玉

出 版 人：顾　伟
著　　者：俞伟理
责任编辑：戎鸿杰
封面设计：译出文化
摄　　影：孙连丰
3 D 制作：玄科三维
技术编辑：王　泓
出版发行：上海人民美术出版社
　　　　　（上海市闵行区号景路 159 弄 A 座 7F）
　　　　　邮编：201101　电话：021-53201888
网　　址：www.shrmms.com
装帧排版：上海典画文化传播有限公司
印　　刷：广西昭泰子隆彩印有限责任公司
开　　本：787×1092　1/16
印　　张：18
版　　次：2019 年 8 月第 1 版
印　　次：2022 年 4 月第 2 次
书　　号：ISBN 978-7-5586-1272-5
定　　价：128.00 元